Valentín Gregori Gregori
Juan José Miñana Prats
Almanzor Sapena Piera

Matemáticas para docentes de enseñanza secundaria

edUPV

Universitat Politècnica de València

Colección *Académcia* http://tiny.cc/edUPV_aca

Para referenciar esta publicación utilice la siguiente cita:
  Gregori Gregori, Valentín; Miñana Prats, Juan José; Sapena Piera,
  Almanzor (2024). *Matemáticas para docentes de enseñanza secundaria.*
  Valencia: edUPV

Imprime: Byprint Percom, sl

ISBN: 978-84-1396-276-4
Depósito Legal: V-2618-2024

Si el lector detecta algún error en el libro o bien quiere contactar con los autores,
puede enviar un correo a edicion@editorial.upv.es

Dedicado a Joan Manuel, Manuel y Amàlia

Presentación

Cuando se habla de didáctica de la matemática, en algún sentido, se hace imprescindible hablar de D. Pedro Puig Adam. El profesor Puig Adam fue alumno de D. Julio Rey Pastor y además, posteriormente, colaborador en algunos trabajos como las obras de textos de Bachillerato Laboral Elemental (Plan 1957), que algunos de nosotros tuvimos la suerte de conocer. Puig Adam es el didacta español de la matemática (en singular, como a él le gustaba nombrar) de mayor promoción internacional, en todos los niveles educativos, desde la enseñanza primaria hasta la universitaria. El profesor Puig Adam propugnaba el método heurístico que expuso en su texto *Didáctica matemática heurística*, publicado por el Instituto de Enseñanza Laboral, Madrid, en 1956. El adjetivo de heurística, señala Puig Adam, se debe a que hay que tratar que el alumno "elabore por sí mismo los conceptos y conocimientos que haya que adquirir, mediante el acicate de situaciones hábilmente creadas ante él". En este sentido, el alumno debe procurarse soluciones a los problemas que se le plantean y cuestionarse la utilidad de sus convicciones, hasta aproximarse al concepto matemático al que se pretende llegar.

D. Pedro inició para la docencia española un período fecundo de relaciones con los artífices de más avanzadas ideas sobre la didáctica de la Europa de los años cincuenta, como lo fueron C. Gattegno, T. Fletcher, W. Servais, E. Castelnuovo y L. Campedelli, y cita además en aquellos años a George Polya (autor de la paradoja sobre inducción: las niñas de ojos azules) y a Martin Gardner que dirigió durante más de veinticinco años la sección sobre juegos matemáticos de la famosa revista Scientific American, lo que le hizo famoso en todo el mundo. Gardner es autor de más de sesenta libros que han alimentado el interés del público sobre las matemáticas recreativas. (Deseamos recalcar que uno de los fundadores del género de ciencia popular, a principios del siglo XX fue Y. Perelman, cuyos libros, entre otros, *Matemáticas recreativas*, fueron publicados años después de su muerte, traducidos al castellano por la desaparecida Editorial Mir [17]).

El maestro Puig Adam enseñó la práctica del método heurístico a partir de lecciones concretas. Un resumen de su pensamiento didáctico se encuentra en su famoso decálogo para la didáctica de la matemática media, publicado en la revista Gaceta Matemática, 1ª serie, tomo 7, nº 5-6, Madrid (1955), que editaba la Real Academia de Ciencias Naturales, Matemáticas y Físicas. Para conocer con profundidad las ideas de Puig Adam debe leerse su libro *La matemática y su enseñanza actual*, publicado por la Dirección General de Enseñanza Media del Ministerio de Educación Nacional, en 1960, que fue precisamente, el año de su muerte.

Siguiendo el camino emprendido en los Estados Unidos de América, tuvo lugar en la Europa de los años 60 del siglo XX una reforma de la enseñanza en la Escuela Primaria hacia la matemática moderna, basada en la teoría de conjuntos de G. Cantor. Fue en el Congreso de Royaumont, celebrado en Francia en 1959, donde se propuso reconstruir la matemática de la enseñanza básica y secundaria, desde el punto de vista de la teoría conjuntista. Esta reforma fue impulsada por Jean Dieudonné, uno de los matemáticos más influyentes del grupo Bourbaki, con la complacencia del pedagogo George Papy y con la influencia del psicólogo Jean Piaget (considerado el padre de la psicología evolutiva). Este movimiento, se ha demostrado fracasado y, de hecho, en el año 1976 ya era cuestionado por el profesor Morris Kline en su libro *El fracaso de la matemática moderna*. Efectivamente, en la década de los ochenta hubo un reconocimiento general de que se había exagerado en la tendencia hacia la abstracción matemática, en los primeros ciclos de su enseñanza. Pero el título de la obra de Kline, que podría ser apropiado en el contexto de la enseñanza primaria (incluso secundaria), no hace justicia a la teoría de la matemática moderna. En efecto, no debemos ignorar que la matemática conjuntista, para los profesionales de la matemática, es el avance científico más importante de la historia de la matemática, desde que Zermelo y Fraenkel probaran que la matemática conjuntista, con su axiomática y la lógica de Principia Mathematica de A. Whitehead y B. Russell, está libre de contradicciones. Recordemos la célebre frase (que hace justicia a la teoría de conjuntos), de David Hilbert: "nadie será capaz de expulsarnos del paraíso que Cantor creó para nosotros".

Uno de los logros de la matemática moderna, fue la unificación de terminología y notación impulsada por el grupo Bourbaki que, a su vez, se convirtió en un problema para su divulgación, dado que su "literatura" era sólo apta para consagrados matemáticos. A partir de finales del siglo XX, la literatura con que se expone el pensamiento matemático ha ido cambiando, y la simbología, como veremos, se ha relajado.

En la época actual se aprecia en cualquier teoría matemática, la motivación e interés de su estudio para el contexto donde va dirigida. El método heurístico del profesor Puig Adam, los retos para la resolución de novedosos problemas que se plantean en la ciencia, la matemática recreativa o incluso los pasatiempos (de los cuales el lector encontrará en Internet decenas de ellos escritos en los últimos años), son de suficiente peso argumental, para incentivar el aprendizaje de la matemática, en cualquiera de sus niveles. No obstante, no todos los alumnos están dotados de la capacidad suficiente para seguir la argumentación lógica de la matemática y en tales casos y en cuanto a la enseñanza universitaria se refiere, el profesor Rey Pastor (en el prólogo de [20]), aconseja disuadir al alumno de su estudio. Admitida pues, la necesidad del estudio de la matemática en cierto contexto, y supuesto que se dispone del tiempo, medios (incluyendo multimedia) y suficiente personal especializado, para conseguir los objetivos marcados, queda un aspecto por resolver: la transmisión de los conocimientos mediante su escritura formal, en la época actual. ¿Qué sería de la matemática actual sin el legado escrito que nos dejaron en sus textos los matemáticos que nos precedieron, que son como actas notariales de que cuanto allí se dice es cierto? Por otra parte, nadie puede pensar, parafraseando al profesor R. Godement en el Prólogo de [13], que un principiante entienda un texto cuanto peor escrito esté.

Este texto, dedicado a docentes de enseñanza de la matemática en el nivel previo a la Universidad, apunta en la dirección antes señalada; nuestro propósito es dar a conocer la literatura con que se formaliza el rigor matemático en la actualidad. Trataremos que el docente enseñe a sus discípulos a escribir en lenguaje científico, ajeno a imprudentes tendencias de moda. Esta tarea se torna necesaria, habida cuenta de que la supresión de simbología en los últimos años en matemáticas ha conducido a una relajación de la literatura con que se formaliza en la actualidad el rigor matemático, de tal manera que en ocasiones se vuelve imprecisa. Por esta razón el texto contiene gran cantidad de notas aclaratorias sobre el formalismo matemático, licencias literarias y convenios lingüísticos admitidos sin explicitación. Todo ello lo hace, a nuestro entender, un libro distinto a los existentes en su campo, e imprescindible para el docente de matemáticas a quien va dirigido.

Para conseguir nuestros objetivos, imitando a Puig Adam, en el texto presentaremos lecciones concretas resaltando los matices que creemos interesantes. Estas lecciones las agruparemos en cinco capítulos diversos dentro de la matemática, y consecuentemente el tratamiento en función del campo, también lo será. Los tres primeros capítulos era ineludible que se expusieran, para dar a conocer la teoría conjuntista como origen de la matemática moderna. El Capítulo 1 se dedica a la lógica matemática, que se utilizará en las argumentaciones de todos los capítulos posteriores. El Capítulo 2 presenta de manera ingenua, la teoría de conjuntos de Cantor y se aborda uno de los aspectos más importantes de la teoría conjuntos: la aparición de conjuntos infinitos, de distinto cardinal. El Capítulo 3 se dedica a las estructuras algebraicas, uno de los aspectos más interesantes de la teoría de conjuntos que permite unificar estructuras matemáticas dispersas en distintos contextos de las ciencias. El Capítulo 4 muestra un tema clásico de la Aritmética: la teoría de la divisibilidad y con ello la teoría elemental de los números primos, añadiéndole un toque moderno al tratar algunas técnicas de "conteo". Finalmente, el Capítulo 5 aborda el concepto de convergencia de una sucesión, que es la base de la Topología y del Análisis Matemático; justificaremos la necesidad de precisar el concepto de convergencia y llegaremos a probar la existencia del número trascendente e. A pesar del empeño por definir los conceptos que atañen a la teoría que se desarrollará, se hace necesario por motivos pedagógicos dar por sabido conceptos o expresiones, que agilicen el texto; en tales casos, acostumbramos a escribir en cursiva alguna palabra, para alertar de que no ha sido definida o, sencillamente, para que se le asigne la supuesta interpretación obvia.

Cada capítulo está estructurado en secciones. Al principio del capítulo se hace una pequeña introducción de su contenido. Siguiendo costumbres clásicas, al final de cada capítulo se proponen ejercicios (sencillas cuestiones de la teoría) y algún problema que, en el sentido que indicaba el profesor J. Gallego-Díaz en la portada de su libro [11], requiere para su resolución de meditación y cierto ingenio.

Advertimos a los principiantes que no hay otra forma de leer el texto salvo pasar a una línea cuando se ha entendido la anterior, y no cabe la lectura en diagonal. La matemática es una ciencia deductiva y para su comprensión se requiere cierto esfuerzo y sobre todo capacidad de reflexión, que se adquiere en estudios secundarios. En palabras de L. Campedelli (Prefacio de [6]): "... en estudios secundarios ... en especial se requiere el hábito de leer pacientemente, sin abandonar a la primera dificultad que pueda aparecer".

Respecto al estilo literario, el texto está redactado, de manera sobria, como es habitual en artículos o libros científicos. Incluso, para su escritura, se ha utilizado como procesador de textos el LATEX (común hoy en día en la mayoría de textos científicos), y por tanto las fuentes de los símbolos que el programa lleva incorporados. Respecto a la tipografía, los únicos recursos que utiliza el texto son los distintos tamaños de letra, el sangrado, los superíndices y subíndices, la letra cursiva y la negrita. No se utiliza ningún símbolo fuera del contexto para el que fue definido.

En el texto no hablaremos sobre la belleza de algunas demostraciones; los autores sólo pretendemos convencer al lector de la importancia del rigor en la escritura y la conveniencia de las demostraciones, en matemáticas. Si lo conseguimos, daremos por bien empleado el tiempo dedicado a la redacción de este texto. Agradeceremos cualquier sugerencia tendente a la mejora de este libro, que podamos tener en cuenta en ediciones posteriores, si procede.

Gandia, mayo de 2024

Los autores

Contenido

NOTACIÓN

En este texto se ha evitado un lenguaje excesivamente simbólico. No obstante, el lector debe conocer la siguiente terminología básica que se usa en matemáticas y ciencias tecnológicas:

$\forall$	Cuantificador universal. Se lee "para todo" o "para cada"
$\exists$	Cuantificador existencial. Se lee "existe"
$\Longleftrightarrow$	Equivalencia proposicional. Se lee "si y sólo si"
$\equiv$	Equivalencia (o cambio convencional de notación)
$\Rightarrow$	Implicación proposicional. Se lee "implica"
$\mid$	Se lee "tal (tales) que"
$:$	Se lee "tal (tales) que"
$\square$	Indica final de una demostración
i.e.	En latín $id\ est$ y se lee "es decir"
$\in$	Símbolo de pertenencia
$\subseteq, \subset$	Símbolo de inclusión
$\cup$	Símbolo de unión
$\cap$	Símbolo de intersección
$\mathbb{N}$	Conjunto de los números naturales (incluye al cero)
$\mathbb{N}^*$	El conjunto $\mathbb{N}$ sin el cero
$\mathbb{Z}$	El anillo de los números enteros
$\mathbb{Q}$	El cuerpo de los números racionales
$\mathbb{R}$	El cuerpo de los números reales
$\mathbb{C}$	El cuerpo de los números complejos
$\vee$	Disyunción inclusiva (OR en computación)
$\wedge$	Conjunción (AND en computación)
$\neg$	Negación (NOT en computación)
$\triangle$	Disyunción exclusiva (XOR en computación)
$\rightarrow$	Condicional
$\leftrightarrow$	Doble condicional
sii	Doble condicional. Abreviatura de "si, y solo si"
$\emptyset$	Contradicción, conjunto vacío
τ	Tautología
$A - B$	Diferencia de conjuntos
A^c	Conjunto complementario de A
V_m^n	Variaciones, de m elementos, de orden n
RV_m^n	Variaciones con repetición, de m elementos, de orden n
C_m^n	Combinaciones, de m elementos, de orden n
$\binom{m}{n}$	Número combinatorio equivalente a C_m^n
$n!$	Factorial de n
Ei.j	Ejercicio j del capítulo i
Pi.j	Problema j del capítulo i
$\sum$	Sumatorio

Capítulo 1

LÓGICA MATEMÁTICA

Se conoce por Matemática Moderna, la matemática conjuntista iniciada por G. Cantor a finales del siglo XIX. La Matemática Moderna es una ciencia deductiva que partiendo de axiomas y mediante inferencia lógica (matemática) obtiene conclusiones. Por esta razón empezamos la obra con el capítulo dedicado a la lógica matemática, exponiendo al lector de manera sencilla, pero rigurosa, la inferencia en que se fundamentan las irrefutables demostraciones matemáticas.

La lógica que expondremos deja de lado todo aquello que tiene que ver con la filosofía de la lógica. Quien lo desee puede consultar [23], donde se trata la lógica como resultante de dos componentes: la verdad y la gramática. Otra perspectiva sobre lógica se puede encontrar en la obra de L. Carroll [7], con prólogo de A. Deaño, que fue filósofo y lógico de la Universidad Autónoma de Madrid.

En la lógica matemática no se discute sobre las proposiciones. Sencillamente, una proposición es una expresión que se puede clasificar como cierta o falsa, de manera excluyente, dentro del contexto matemático. El rigor de las matemáticas se fundamenta en la aplicación de la lógica matemática (que viene a ser, en definitiva, la lógica aristotélica), a la teoría conjuntista. Hagamos un inciso para precisar que, en principio, la teoría de Cantor se encontró con una dificultad insalvable cuando B. Russell formuló la paradoja conjuntista que lleva su nombre, que entrañaba una contradicción (véase Ejercicio E2.14). Afortunadamente, años después Zermelo y Fraenkel exigieron una axiomática más restrictiva sobre la teoría inicial de conjuntos, y demostraron que el nuevo sistema axiomático era consistente, es decir no se puede llegar a contradicción alguna, por aplicación de la lógica matemática.

Debemos señalar que una paradoja, en matemáticas, es un resultado sorprendente. Ahora bien, las hay que están basadas en una argumentación plausible, pero errónea (falacia), aunque desconozcamos el error; la más conocida es la de Aquiles y la Tortuga, que expondremos en el Capítulo 5. Otras paradojas, sin embargo, son resultados de una correcta argumentación matemática pero que conducen a un resultado sorprendente; entre ellas se encuentra la paradoja de Banach-Tarski (que algunos llaman "la multiplicación de los panes y los peces") y la paradoja sobre la probabilidad geométrica de J. Bertrand. Otras paradojas provienen de expresiones denominadas *antinomias cantorianas* (véase [18]), que conllevan contradicciones; una antinomia muy citada en literatura divulgativa, conocida como "la paradoja del barbero" es sólo una versión en forma de acertijo lógico de la paradoja conjuntista de B. Russell. Existen otros tipos de paradojas lingüísticas o de carácter social que no consideraremos en este texto.

La lógica matemática nos puede ayudar a hablar con propiedad, y aquí tienen los educadores, una motivación de carácter general. También se puede usar como pasatiempo (véase los siete problemas dirigidos a profesores que aparece en el Apéndice de la obra citada de L. Carroll). En la actualidad estos problemas han derivado en juegos de lógica que se resuelven con un establecimiento formal de las premisas y con ayuda de la inferencia lógica (véase la Sección 1.3.7 y el Problema P1.3). Pero quizás, la mayor utilidad de la lógica se encuentre en los fundamentos de la computación (véase el Problema P1.2).

La estructura de este primer capítulo es como sigue. En la Sección 1.1 introducimos la lógica de las proposiciones matemáticas. En la Sección 1.2 se estudia la inferencia lógica que nos conduce a los métodos de demostración matemática. En la Sección 1.3 se hace una pequeña presentación de la lógica de primer orden para introducir el concepto de función proposicional y los cuantificadores existencial y universal, que necesitaremos en el Capítulo 2.

El lector interesado en profundizar en la teoría de lógica matemática puede consultar [22].

1.1 LÓGICA PROPOSICIONAL

1.1.1 Proposición

Llamamos **proposición** a toda frase de la que se pueda decir sin ambigüedad que es cierta o falsa, de manera excluyente. Cuando una proposición es cierta se le atribuye el valor lógico (de certeza) 1 o **V** (Verdadera) y si es falsa 0 o **F** (Falsa). Las proposiciones más *sencillas* posibles se denominan **atómicas** y se acostumbra a representarlas por letras minúsculas. Las proposiciones constituidas por proposiciones atómicas y otras partículas que denominaremos

conectores lógicos se llaman **moleculares** y se acostumbra a nombrar con letras mayúsculas. El **cálculo proposicional** se ocupa del estudio de las proposiciones y de su valor lógico atendiendo a la estructura y a las componentes de la proposición.

1.1.2 Nota literaria

Para evitar repeticiones se utilizan sinónimos que no aparecen en la definición y que debemos aceptar como *equivalentes*. Así, a lo largo del texto, reemplazaremos verdadera por cierta, veraz, válida, correcta ... Lo dicho vale para situaciones análogas en otros contextos.

1.1.3 Ejemplo

Sea p la proposición "$1+1 = 2$", y sea q la proposición "$2+2 = 5$". Claramente el valor lógico de p es 1 (**V**) y el valor lógico de q es 0 (**F**).

1.1.4 Conectores lógicos

Distinguimos los siguientes conectores lógicos:

La **disyunción** "o" (inclusiva) que simbolizamos por $\vee$ (OR) y que se define de manera que la proposición $p \vee q$ (se lee: p o q) es falsa sólo cuando ambas p y q son falsas simultáneamente.

La **conjunción** "y" que simbolizamos por $\wedge$ (AND), y que se define de manera que $p \wedge q$ (se lee: p y q) es cierta sólo cuando p y q son ciertas simultáneamente.

La **negación** "no" que simbolizamos por $\neg$ (NOT), y que se define de manera que la proposición $\neg p$ (se lee: no p) es cierta sólo cuando p es falsa.

El **condicional** "si ... entonces ... ", que simbolizaremos por $\rightarrow$, y que se define de manera que $p \rightarrow q$ (se lee: si p, entonces q) es sólo falso cuando p es cierto y q es falso. Se dice que p es el *antecedente* y q el *consecuente* del condicional.

El **doble condicional** "si, y sólo si ... ", que simbolizaremos por $\leftrightarrow$, y se define de manera que la proposición $p \leftrightarrow q$ (se lee: p si, y sólo si q) es cierta sólo cuando p y q son a la vez ciertos o a la vez falsos.

El valor lógico (de certeza, o de verdad) de las proposiciones moleculares definidas usando los anteriores conectores (lógicos) se esquematiza mediante las siguientes tablas denominadas *tablas de verdad*.

p	q	$p \vee q$	$p \wedge q$	$\neg p$	$p \to q$	$p \leftrightarrow q$
1	1	1	1	0	1	1
1	0	1	0	0	0	0
0	1	1	0	1	1	0
0	0	0	0	1	1	1

1.1.5 Nota sobre las tablas de verdad

Las tablas de verdad se caracterizan porque en las primeras columnas de la izquierda se atribuyen los distintos valores que pueden darse a las proposiciones que encabezan las columnas. Dado que a cada valor de p le corresponden dos valores de q, en el caso de dos proposiciones habrá cuatro opciones (2^2), que conducen a 4 filas, como muestra la tabla anterior. En el caso de tres proposiciones, habría que multiplicar por dos estas opciones, y obtendríamos 2^3 filas, y en fin, siguiendo la misma mecánica, para n proposiciones habría 2^n filas. El lector observará que el orden con que se escriben los unos y ceros, que se puede alterar, facilita el recuento y evita omisiones o repeticiones. En el interior de la tabla, y como si de un diagrama cartesiano se tratara, se encuentran los valores que corresponde a las proposiciones moleculares que encabezan las columnas, atendiendo a los valores de las proposiciones atómicas, según las definiciones dadas anteriormente.

1.1.6 Ejemplo

Atendiendo al valor que se ha dado a las proposiciones moleculares, por el uso de los conectores, tendremos que en el Ejemplo 1.1.3 $p \vee q$ es verdadera, $p \wedge q$ es falsa, $\neg p$ es falso, $\neg q$ es verdadero, $p \to q$ es falso, $q \to p$ es verdadero y $p \leftrightarrow q$ es falso.

1.1.7 La "o" exclusiva

Es necesario resaltar que el valor lógico de $p \vee q$ es 1 si p y q son ciertos a la vez (decimos que la disyunción $\vee$ es inclusiva). Esto no se corresponde con el uso generalizado en la sociedad, donde la disyunción "o" suele ser excluyente. En este caso, la tabla de verdad de la "o", denominada exclusiva, que representamos por $\triangle$, es la siguiente

p	q	$p \triangle q$
1	1	0
1	0	1
0	1	1
0	0	0

Este concepto tiene interés en el campo de la Computación, donde se la denomina XOR, pero no la utilizaremos en Lógica. Una justificación plausible del uso de la o inclusiva la veremos en el capítulo siguiente, al hablar de la unión de dos conjuntos. (Véase también el Ejercicio E1.3).

1.1.8 Objetos matemáticos no definidos explícitamente

Acabamos de definir las *tablas de verdad* como un objeto matemático, en el contexto de la lógica de proposiciones, del cual conocemos su confección y significado, pero del que no se ha dado una definición explícita. Esta situación no es extraña en matemáticas y resulta interesante para desarrollar la intuición matemática. A partir de ahora, cuando lo requiramos es imprescindible denominarlo por su nombre: *tabla de verdad*. A lo largo del texto se verán otras tablas o gráficos que tendrán sentido sólo al llamarlas por su nombre, en el contexto debido.

1.1.9 Fórmula proposicional y jerarquía de los conectores

La formulación lógica de una proposición molecular con la notación ya expuesta nos conduce a lo que denominamos **fórmula lógica**. Una fórmula lógica enunciada con carácter general, sin explicitar las proposiciones la denominaremos **forma proposicional**. Para interpretar una fórmula lógica, aclaremos que se conviene en que el conector $\neg$ es el más débil y por tanto el primero en tenerse en cuenta (ejecutarse). Respecto los conectores $\wedge$ y $\vee$, éstos son de igual jerarquía, y por tanto es imprescindible el uso de paréntesis cuando aparecen en una misma proposición molecular. Finalmente, aclaremos que el condicional es un conector más fuerte que $\wedge$ y que $\vee$, y que el doble condicional es el conector más fuerte de todos, y en consecuencia, el último en "ejecutarse". La jerarquía de los conectores está consensuada por los matemáticos. Con ella se logra una simplificación de las fórmulas lógicas y se evita el uso de algunos paréntesis, por lo que las hace más sencillas.

El enunciado de un problema científico no puede admitir ambigüedad y por tanto en cierta manera, su fórmula lógica es única. Para obtener la fórmula lógica debemos adecuar la literatura del enunciado. Un texto literario donde por omisión o expresa decisión del autor, admita interpretaciones, no debe ser tenido en cuenta para su tratamiento lógico. Aclaremos los conceptos previos en el siguiente ejemplo.

1.1.10   Ejemplo

Consideremos la siguiente frase:

Vienes a comer, o vamos al teatro y no tomas helado.

En este enunciado distinguimos las siguientes proposiciones atómicas (obsérvese la notación):

$p \equiv$ (tú) vienes a comer,

$q \equiv$ (nosotros) vamos al teatro,

$r \equiv$ (tú) tomas helado

Atendiendo a la coma ortográfica de la frase, la expresión se corresponde con una disyunción lógica cuya expresión lógica es la siguiente:

$$p \vee (q \wedge \neg r)$$

1.1.11   Definiciones simultáneas o duales

En los artículos científicos de la matemática actual, para abreviar el texto, se usan los paréntesis con la indicación de "respectivamente" (que en ocasiones se omite) para dar a conocer una definición alternativa de carácter semejante, como veremos a continuación.

1.1.12   Tautologías y contradicciones

Una forma proposicional que es siempre verdadera (respectivamente, falsa) cualquiera que sea el valor de verdad de las proposiciones que la integran se denomina una **tautología** (respectivamente, **contradicción**) y se la representa con la letra τ (respectivamente, $\emptyset$).

1.1.13   Existencia de tautologías y contradicciones

Notemos que cualquiera que sea la proposición p, se tiene que la proposición $p \vee \neg p$ es siempre una tautología, mientras que $p \wedge \neg p$ es siempre una contradicción (lo cual es acorde con el lenguaje social). En efecto, sus tablas de verdad son las siguientes:

p	$\neg p$	$p \vee \neg p$	$p \wedge \neg p$
1	0	1	0
0	1	1	0

1.1.14 Implicaciones

Cuando un condicional $P \rightarrow Q$, es una tautología, se dice que es una **implicación** y se escribe $P \Rightarrow Q$ (se lee: P implica Q).

Cuando un bicondicional es una tautología se dice que es una doble implicación y se escribe $P \Leftrightarrow Q$ (se lee: P doble implicación Q).

Describimos a continuación las implicaciones más habituales, con la abreviatura para referirnos a ella, y su denominación a la derecha.

$P \wedge Q \Rightarrow P$	**S**	(Simplificación)
$P \Rightarrow P \vee Q$	**A**	(Adición)
$Q \Rightarrow (P \rightarrow Q)$	**C**	(Condicional)
$(P \rightarrow Q) \wedge (Q \rightarrow R) \Rightarrow (P \rightarrow R)$	**SH**	(Silogismo hipotético)
$(P \rightarrow Q) \wedge (R \rightarrow S) \wedge (P \vee R) \Rightarrow Q \vee S$	**SD**	(Silogismo disyuntivo)
$(P \rightarrow Q) \wedge P \Rightarrow Q$	**MP**	(Modus (ponendo) ponens)
$(P \rightarrow Q) \wedge \neg Q \Rightarrow \neg P$	**MT**	(Modus (tollendo) tollens)

1.1.15 Sobre la tabla de implicaciones

Esta lista puede ampliarse considerablemente. No obstante, la que hemos expuesto es suficiente para nuestros objetivos. El lector reconocerá por sus nombres los silogismos, sobre todo el hipotético, común en la literatura.

El lector puede probar fácilmente la tautología $\emptyset \Rightarrow Q$ para cualquiera que sea Q (Ejercicio E1.4) que, de poca utilidad en lógica, dice algo importante (incluso en el ámbito social): de una falsedad se puede deducir cualquier proposición.

En el modus ponens se afirma Q tras afirmar P. Si negamos P para concluir la negación de Q, llegamos a una falacia (se propone al lector que confeccione una falacia literaria).

En el modus tollens si se tiene la negación de Q se concluye la negación de P.

1.1.16 Equivalencias de formas proposicionales

Dos formas proposicionales se dicen **equivalentes**, y se escribe $P \equiv Q$ (se lee P equivale a Q) si sus tablas de verdad coinciden. Esto equivale a decir que $P \leftrightarrow Q$ es una tautología; así, $P \equiv Q$ es lo mismo que $P \Leftrightarrow Q$.

Con imprecisión, simplificar una forma proposicional significa encontrar otra equivalente formalmente más sencilla (que puede incluso tener menos proposiciones atómicas). Por ejemplo, como $p \vee (p \vee q) \equiv p \vee q$, podemos decir $p \vee q$ es una expresión simplificada de $p \vee (p \vee q)$, y con abuso de lenguaje acabamos por decir que ambas expresiones son la misma.

1.1.17   Sobre el uso del símbolo de equivalencia

El símbolo de equivalencia $\equiv$ es muy utilizado en otros contextos (como generalización de la igualdad) para decir que dos objetos son, en cierta forma, iguales (equivalentes), como en el caso de la lógica. Por ejemplo, cuando un punto recorre una circunferencia orientada, el lector conoce contextos en los que afirma que $0^o = 360^o$, o que $\frac{\pi}{2} = 90^o$. Ambas notaciones, son incorrectas, pero sería admisible escribir, en los contextos adecuados, que $0^o \equiv 360^o$ y que $\frac{\pi}{2} \equiv 90^o$. También se utiliza para dar sentido notacional a una expresión como hicimos en la Sección 1.1.10 (véase, también, Contraejemplo 1.3.5).

1.1.18   Equivalencias notables

Se sugiere al lector que pruebe las tres equivalencias siguientes (confeccionando las correspondientes tablas de verdad), que merecen ser comentadas.

$$P \to Q \equiv \neg Q \to \neg P \qquad\qquad \textbf{T} \qquad \text{(Trasposición)}$$
$$P \to Q \equiv \neg P \vee Q \qquad\qquad \textbf{C-D} \quad \text{(Condicional-disyuncional)}$$
$$(P \to Q) \wedge (Q \to P) \equiv P \Leftrightarrow Q \quad \textbf{C-B} \quad \text{(Condicional-bicondicional)}$$

La primera de ellas (T) nos será útil en las demostraciones de teoremas como veremos más adelante.

La segunda (**C-D**) nos enseña, de una parte, que el conector $\to$ es innecesario, pues se puede reemplazar por $\vee$ y $\neg$, adecuadamente. Por otra parte, nos muestra que una disyunción puede transformarse, equivalentemente, en un condicional, lo que permite, si se dan las condiciones, aplicarle el modus ponens o modus tollens.

Por análoga razón, de la tercera (**C-B**), se concluye que el conector $\leftrightarrow$ es también innecesario. Llegado este punto, debemos aclarar que esta situación es frecuente en matemáticas. En efecto, introducimos "funciones innecesarias" porque ayudan a simplificar el texto y las demostraciones, debido a su fácil interpretación. En efecto, el uso del condicional en el lenguaje social es habitual, y nos resulta fácilmente comprensible. ¿Alguien se imagina prescindir del condicional al comunicarnos y reemplazarlo por la disyunción y la negación?

1.1.19 El álgebra de Boole de las proposiciones

El lector puede comprobar (construyendo las correspondientes tablas de verdad), que se verifican las siguientes equivalencias donde solamente intervienen los conectores $\wedge$, $\vee$ y $\neg$. Por esta razón se dice que las proposiciones con las *leyes* $\wedge$, $\vee$ y $\neg$ constituyen un **álgebra de Boole**.

Asociativas:
$$P \vee (Q \vee R) \equiv (P \vee Q) \vee R, \qquad P \wedge (Q \wedge R) \equiv (P \wedge Q) \wedge R.$$

Conmutativas:
$$P \vee Q \equiv Q \vee P, \qquad P \wedge Q \equiv Q \wedge P.$$

Distributividad recíproca
$$P \vee (Q \wedge R) \equiv (P \vee Q) \wedge (P \vee R), \quad P \wedge (Q \vee R) \equiv (P \wedge Q) \vee (P \wedge R).$$

Propiedades de la negación
$$P \vee \neg P \equiv \tau, \qquad P \wedge \neg P \equiv \emptyset.$$

Existencia de neutros
$$P \vee \emptyset \equiv P \qquad \emptyset \text{ es neutro respecto a } \vee.$$
$$P \wedge \tau \equiv P \qquad \tau \text{ es neutro respecto a } \wedge.$$

A modo de ejemplo vamos a demostrar la distributividad $P \wedge (Q \vee R) = (P \wedge Q) \vee (P \wedge R)$, construyendo la tabla *apropiada*.

P	Q	R	$Q \vee R$	$P \wedge Q$	$P \wedge R$	$(P \wedge Q) \vee (P \wedge R)$	$P \wedge (Q \vee R)$
1	1	1	1	1	1	1	1
1	1	0	1	1	0	1	1
1	0	1	1	0	1	1	1
1	0	0	0	0	0	0	0
0	1	1	1	0	0	0	0
0	1	0	1	0	0	0	0
0	0	1	1	0	0	0	0
0	0	0	0	0	0	0	0

1.1.20 Notas varias aclaratorias

El lector observará que hemos escrito *apropiada* con letra cursiva. Con ello estamos dando a entender que es la pericia del lector la que debe decidir cómo disponer las filas, y columnas adecuadas, así como el orden que considere más conveniente, por estética y sencillez de la presentación. Esta situación es propia de las representaciones gráficas.

En segundo lugar, obsérvese la dualidad en que han sido presentadas las propiedades. Este hecho no es casual, sino propio de las estructuras de álgebra de Boole.

Los nombres de las propiedades nos recuerdan las propiedades de los números reales. La distributividad es excepcional, porque se verifica de dos maneras recíprocas. El elemento neutro (lo veremos en el Capítulo 3) de una ley $*$ es aquel elemento (único), digamos e, tal que $x * e = a$, cualquiera que sea x.

Destaquemos también que el uso de la asociatividad conduce, en la práctica, a la eliminación de paréntesis.

1.1.21 Propiedades (de un álgebra de Boole abstracta)

El lector puede demostrar las siguientes propiedades mediante la confección de las correspondientes tablas de verdad.

$$\neg(\neg P) \equiv P \qquad \textbf{DN} \text{ (Doble negación)}$$

$$P \wedge P = P;\ P \vee P \equiv P \qquad (Idempotencias)$$

$$\tau \vee P \equiv \tau \qquad (\tau \text{ es } absorbente \text{ respecto de } \vee)$$

$$\emptyset \wedge P \equiv \emptyset \qquad (\emptyset \text{ es } absorbente \text{ respecto de } \wedge)$$

(El lector debería reflexionar sobre estos nombres tan sugestivos, que se encuentran en las álgebras de Boole u otras ramas de la matemática).

De la definición de tautología y contradicción se tiene:

$$\neg \tau \equiv \emptyset$$

$$\neg \emptyset \equiv \tau$$

Finalmente, destaquemos las dos **leyes de De Morgan** (o de la negación en el caso de las proposiciones):

$$\neg(P \vee Q) \equiv \neg P \wedge \neg Q$$

$$\neg(P \wedge Q) \equiv \neg P \vee \neg Q$$

Hemos querido diferenciar esta sección de la anterior, porque estas propiedades son consecuencia de la estructura de álgebra de Boole, antes definida. Esta afirmación la podremos justificar en el Capítulo 3 cuando se hable de estructuras abstractas (véase el título de esta sección), y en particular en el Problema P3.6.

1.1.22 Leyes de De Morgan generalizadas

Cuando una expresión puede tener, en algún sentido, un carácter más general que la dada, se dice que se tiene una generalización de la primera expresión. Las leyes de De Morgan se pueden generalizar para cualquier número de proposiciones (véase Ejercicio E1.16). En particular, el lector puede comprobar mediante tablas de verdad que para tres proposiciones P, Q, R se verifica:

$$\neg(P \vee Q \vee R) \equiv \neg P \wedge \neg Q \wedge \neg R$$

$$\neg(P \wedge Q \wedge R) \equiv \neg P \vee \neg Q \vee \neg R$$

1.2 INFERENCIA LÓGICA

La inferencia lógica es el proceso que permite obtener una proposición cierta (conclusión) a través de otras proposiciones ciertas (*premisas*), de tautologías y de las leyes de inferencia que veremos a continuación.

1.2.1 Leyes de inferencia

Ley de la unión: si en cierto lugar de una inferencia se tiene la premisa P y en otra la premisa Q, se puede concluir $P \wedge Q$.

Ley de inserción de tautologías: en cualquier momento de una inferencia se puede usar (escribir) una tautología.

Ley del uso de las tautologías: si se tiene una tautología que es una implicación y se posee el antecedente (como cierto) se puede concluir el consecuente (como cierto).

Decir "se tiene" (o "se concluye") una proposición P, es sinónimo de que P es cierta, tras el proceso de inferencia. Acostumbramos a recoger las premisas iniciales en un corchete a su izquierda, a partir de ahora.

1.2.2 Reglas de inferencia

Las reglas de inferencia son el proceso práctico de llevar a cabo la inferencia atendiendo a las leyes anteriores y usando las tautologías mencionadas, de las que reciben su nombre. Veamos por ejemplo la regla **modus ponens**, fundamentada en la tautología modus ponens.

Supongamos que se tiene como primera premisa $(P1)$ el condicional $P \to Q$ y como segunda premisa $(P2)$ se tiene a P. Atendiendo a la ley de la unión se tiene que $(P \to Q) \wedge P$ es cierta. Si aplicamos ahora la implicación (tautología) modus ponens $(P \to Q) \wedge P \Rightarrow Q$, podemos concluir Q como cierta. Todo ello se abrevia en el esquema siguiente:

$$
\left[\begin{array}{l} P1: \quad P \to Q \\ P2: \quad P \end{array} \right.
$$

$$
\quad C: \quad Q \qquad\qquad \mathbf{MP}(1,2)
$$

De manera análoga la regla **modus tollens** queda esquematizada como sigue

$$
\left[\begin{array}{l} P1: \quad P \to Q \\ P2: \quad \neg Q \end{array} \right.
$$

$$
\quad C: \quad \neg P \qquad\qquad \mathbf{MT}(1,2)
$$

1.2.3 Método de comprobación. Condicional y tautología

Las reglas de la Lógica no son reglas elegidas al azar, sino que están basadas en tautologías. Por tanto, son elegidas de tal forma que sólo permiten hacer inferencias válidas. Esto se traduce en que si las premisas son ciertas, la conclusión que se sigue ha de ser también cierta. Las anteriores reglas de inferencia que hemos dado son suficientes, para ser capaces de planificar una estrategia que lleve a la conclusión buscada.

Para determinar si un razonamiento es válido, disponemos de un método alternativo, o *método de comprobación*. Imaginemos que tenemos un sistema de premisas *consistente* (no contradictorio) $P1, P2, \ldots, Pr$, esto es, la columna de la tabla de verdad de $P1 \wedge P2 \wedge \cdots \wedge Pr$ no consta sólo de ceros, pues de lo contrario se podría inferir la contradicción $\emptyset$ y, por tanto, cualquier proposición P, pues $\emptyset \to P$ es una tautología. En tal caso, para que C sea conclusión de las premisas $P1, P2, \ldots, Pr$ ha de suceder necesariamente que $(P1 \wedge P2 \wedge \cdots \wedge Pr) \to C$ sea una implicación, por lo que la columna de C ha de tener, al menos, los unos de la columna de $P1 \wedge P2 \wedge \cdots \wedge Pr)$, en las mismas posiciones. Este método no es práctico cuando intervienen más de tres premisas, pues sólo para cuatro premisas necesitamos 2^4 filas en la correspondiente tabla de verdad.

Se dice a menudo de un razonamiento que las premisas *implican* la conclusión. Obsérvese que en los esquemas de la Sección 1.2.2 se nombra el condicional, pero se omite nombrar la implicación. Por ello, las proposiciones condicionales ciertas, cuando el antecedente es cierto, se consideran frecuentemente como implicaciones y en la literatura usual, se confunde condicional con implicación. De hecho, distinguir con propiedad el término condicional del de implicación no es sencillo, dado que en matemáticas, por ejemplo, los condicionales son ciertos, y las premisas de los antecedentes también lo son.

Pasemos a ver ahora el tratamiento de la inferencia aplicada a las demostraciones matemáticas. Los términos condicional o implicación los podremos utilizar como sinónimos, dependiendo de la elegancia literaria, incluso escribiremos indistintamente $\rightarrow$ o $\Rightarrow$.

1.2.4 Teorema (significado)

En Matemáticas, una implicación de la forma $A \Rightarrow B$ se llama **teorema**. Las premisas que constituyen A son las **hipótesis**. La conclusión B se llama **tesis**. El razonamiento matemático basado en la inferencia lógica para llegar de A a B, se denomina **demostración** (o **prueba**).

Si $A \Rightarrow B$ constituye el teorema **directo**, se dice que $B \Rightarrow A$ es su (teorema) **recíproco**. El teorema $\neg A \Rightarrow \neg B$ constituye el **contrario** (del teorema directo). Finalmente, $\neg B \Rightarrow \neg A$ es el contrarrecíproco del directo (o contrario del recíproco). Si, por ejemplo, el directo y el recíproco son ciertos, entonces se satisfacen los cuatro, ya que el directo y el contrarrecíproco, atendiendo a la equivalencia **T** (trasposición) son equivalentes, lo mismo que el recíproco y contrario.

Añadamos que, en matemáticas, todo cuanto se deduce de los axiomas con la correspondiente demostración es un teorema. No obstante, dependiendo de la demostración, interés u otros criterios que el autor juzgue oportunos, un teorema puede ser nombrado como Consecuencia, Propiedad, Ejemplo, Proposición, Lema, Corolario, ..., y en algunos casos, por su relevancia, reciben nombre "propio".

1.2.5 Definiciones y equivalencias matemáticas

En esta sección asumimos que el lector tiene conocimientos elementales de Geometría, por lo que no demostraremos las aseveraciones que se hacen.

A mediados del siglo pasado una definición se exponía como una equivalencia entre el concepto que se nombraba y la propiedad caracterizadora que lo define. Por ejemplo, una definición de triángulo podía ser la siguiente:

Definición 1. Sea P un polígono. Se dice que P es un triángulo si, y sólo si P tiene tres ángulos.

En la actualidad, se acepta que bajo el epígrafe "Definición" (incluso, sin su escritura explícita), se puede sustituir "si, y sólo si" por la partícula "si". De esta manera se escribe: "Se dice que el polígono P cs un triángulo si P tiene 3 ángulos". Con esta definición se puede demosrar el siguiente teorema (directo):

Teorema 1. Si P es un triángulo entonces P tiene tres lados.

Este teorema se suele describir así: "todo triángulo tiene tres lados". Ahora bien, se puede demostrar el siguiente teorema, que es el recíproco del Teorema 1.

Teorema 2. Si P tiene tres lados entonces P tiene tres ángulos.

En consecuencia, disponemos del siguiente teorema de caracterización (del triángulo):

Teorema 3. Un polígono P tiene tres ángulos si, y sólo si tiene tres lados.

Los teoremas con la estructura "si, y sólo si" se denominan *teoremas de caracterización*, por lo que el Teorema 3 es un teorema de caracterización del triángulo. Tal teorema permite dar como definición alternativa (equivalente) de triángulo la siguiente: "Se dice que el polígono P es un triángulo si P tiene 3 lados".

La propiedad "tener 3 ángulos" en un triángulo, es una propiedad caracterizadora del triángulo, por definición. La propiedad "tener 3 lados" es una propiedad caracterizadora del triángulo, por el Teorema 3. Una manera elegante de sintetizar la definición de triángulo y su caracterización, sobre todo cuando no se pretende hacer la demostración, puede ser la siguiente: "Un triángulo es un polígono de tres ángulos o equivalentemente de tres lados". También se suele escribir: "Todo triángulo tiene la propiedad de tener tres lados, lo cual lo caracteriza".

Un triángulo tiene la propiedad de que las mediatrices de sus lados inciden en un punto. Así, se tiene el siguiente teorema.

Teorema 4. Si P es un triángulo entonces las mediatrices de sus lados se cortan en un punto.

De esa manera queda puesto de manifiesto que si P es un triángulo, necesariamente las mediatrices de sus lados se han de cortar en un punto. Ahora bien, la aludida propiedad de las mediatices no es suficiente para afirmar que P es un triángulo, o en otras palabras, el recíproco del Teorema 4 no se cumple. (En efecto: las mediatrices de los lados de un rectángulo también se cortan en un punto), por lo que la propiedad de las mediatrices no caracteriza un triángulo. Este párrafo nos da pie para entender una nueva formulación del Teorema 3: "Para que P sea un triángulo es condición necesaria y suficiente que P tenga tres lados". En efecto, el Teorema 1 muestra que si P es un triángulo, necesariamente ha de tener tres lados y tal condición es suficiente para que P sea un triángulo, como muestra el Teorema 2.

Volviendo al Teorema 1, y completando la información referente a la sección anterior, observemos que el contrario del directo es: "Si P no es un triángulo, entonces P no tiene 3 lados". El contrario del recíproco es: Si P no tiene 3 lados entonces P no es un triángulo. Al cumplirse el directo y su recíproco, se cumplen los cuatro teoremas.

Se podría escribir del contrario del directo y del contrario del recíproco, que: "P no es un triángulo si, y sólo si P no tiene 3 lados", pero esta escritura es menos elegante.

1.2.6 Métodos de demostración matemática

En lo que sigue supondremos dado un sistema de premisas $P1, P2, \ldots, Pr$ consistente. Veamos diversos métodos matemáticos para obtener la tesis a partir de las hipótesis.

(a) *Método directo*: Se llega a la conclusión a través de las premisas mediante el uso de las reglas de inferencia.

(b) *Reducción al absurdo*: El método se basa en que a partir de premisas ciertas y de reglas de inferencia válidas no se puede llegar a una contradicción. Para ello, si la conclusión buscada es S, se introduce como premisa auxiliar $\neg S$. El proceso matemático concluye en la práctica cuando al aplicar reglas de inferencia se obtiene una contradicción (por ejemplo $A \wedge \neg A$); acto seguido, se afirma que S es cierta (La fundamentación lógica de este tipo de razonamiento la avala la equivalencia $(P \wedge \neg S \to A \wedge \neg A) \Leftrightarrow (P \to S)$ que el lector puede constatar).

(c) *Demostración (o método) condicional*: Se usa para concluir una proposición de la forma $A \to B$. En la práctica se afirma A, que se introduce como premisa auxiliar y se concluye el proceso cuando se obtiene B. (La validez del método la avala la tautología del condicional aplicada a B).

(d) *Método de inducción*: Para probar la validez del método necesitamos usar la siguiente propiedad de los números naturales $\mathbb{N}$. Todo subconjunto de $\mathbb{N}$ tiene un primer elemento, en el orden usual. El método se usa para probar que una expresión o propiedad $E(n)$ que se enuncia para cada natural n, es cierta para todo natural n.

El proceso matemático consta de dos pasos: probar que $E(1)$ es cierta y que $E(n) \to E(n+1)$ es cierta para cada natural n. En el segundo paso se supone que $E(n)$ (la expresión cuya validez se desea probar) es cierta, lo que se conoce como hipótesis de inducción (**HI**), y ha de probarse que la proposición $E(n+1)$ es cierta, o dicho de otra forma, ha de obtenerse para $E(n+1)$ una expresión similar a la de $E(n)$, en la que n queda reemplazada por $n+1$. La validez lógica de dicho razonamiento se basa en el siguiente esquema, que corresponde a una demostración por reducción al absurdo.

$$\left[\begin{array}{l} P1 : E(1) \\ P2 : E(n) \to E(n+1) \end{array} \right.$$

P3:   Existe algún enunciado $E(n)$ falso (Premisa auxiliar)

P4:   Sea $E(m)$ el primer enunciado falso (Propiedad de $\mathbb{N}$)

P5: $E(m-1)$ es cierto (Interpretación de $P4$)

P6: $E(m)$ es cierto (**MP**(5,2)

Obsérvese que se ha llegado a la contradicción de $P4$ con $P6$, con lo que la premisa auxiliar introducida es falsa, y por tanto no existen enunciados falsos. Así pue, $E(n)$ es cierta para todo natural n.

1.2.7   Sobre el método de inducción

Puede suceder que se nos solicite encontrar la expresión desconocida $E(n)$ de cierta propiedad (véase el Ejercicio E1.14). En tal caso el lector tratará de encontrar $E(1), E(2), E(3), \dots$ hasta que sea capaz de intuir cuál va a ser la expresión de $E(n)$, que en este momento se constituye como la Hipótesis de Inducción; pero ello no es la prueba de $E(n)$. Debe necesariamente de verificar que $E(n) \to E(n+1)$.

Puede acontecer que resulte más cómodo verificar $E(n-1) \to E(n)$ en vez de como aparece en $P2$, lo cual es lógicamente equivalente. También, puede que la expresión $E(n)$ sea cierta a partir de cierto n, no necesariamente $E(1)$.

En el caso de que en una expresión aparezcan dos letras que representan números naturales, debe indicarse sobre cuál de los dos se hace la inducción (véase Ejercicio E1.15).

(Aunque el lector habrá comprendido el método, observará que quizás este método tendría que estar ubicado en capítulos posteriores).

1.2.8 Ejemplo

(a) Sean las premisas:

$$\begin{array}{ll} P1: & P \vee Q \to R \\ P2: & Q \vee \neg S \\ P3: & \neg R \end{array}$$

Se desea concluir $\neg S$, usando el método directo. Para ello inferimos:

$$\begin{array}{lll} P4: & \neg(P \vee Q) & \mathbf{MT}(1,3) \\ P5: & \neg P \wedge \neg Q & \text{Ley de De Morgan (4)} \\ P6: & \neg Q & S(5) \\ P7: & S \to Q & \mathbf{C\text{-}D}(2) \\ P8: & \neg S & \mathbf{MT}(6,7) \end{array}$$

Se sugiere (Ejercicio E1.10) al lector que haga una demostración de (a) por reducción al absurdo.

(b) Sean las premisas:

$$\begin{array}{ll} P1: & R \to (S \to Q) \\ P2: & \neg P \vee R \\ P3: & S \end{array}$$

Se desea concluir $P \to Q$ por el método condicional. Para ello inferimos:

$$\begin{array}{lll} P4: & P & \text{(Premisa auxiliar)} \\ P5: & P \to R & \mathbf{C\text{-}D}(2) \\ P6: & R & \mathbf{MP}(4,5) \\ P7: & S \to Q & \mathbf{MP}(1,6) \\ P8: & Q & \mathbf{MP}(3,7).\ \text{Fin del proceso matemático. Si se desea:} \\ P9: & P \to Q & \mathbf{C}(8) \end{array}$$

(c) Deseamos conocer el valor de la suma de los n primeros pares positivos: $2, 4, 6, \ldots, 2n$. Aquí, para un lector exigente surge un problema semántico, de interpretación de la suma para $n = 1$. En efecto, el primer sumando es 2, pero no existe "suma" de un sumando. Esto se puede resolver de varias maneras. Veamos nuestra opción aquí:

Escribimos $S(n) = 2 + 4 + \cdots + 2n$ para $n = 2, 3, 4, \ldots$ Demuéstrese por inducción, que

$$S(n) = n^2 + n \text{ para } n = 2, 3, \ldots \tag{1.1}$$

Por definición, se tiene que $S(2) = 2 + 4 = 6$, y por otra parte, en (1.1) se tiene $S(2) = 2^2 + 2 = 6$. Así pues, la expresión $S(n)$ se cumple para $n = 2$.

Admitamos (hipótesis de inducción) que se cumple (1.1) para $n > 1$. Veamos que $S(n)$ se cumple para $n+1$. En efecto, utilizando primero el concepto de $n+1$ sumandos pares y después la hipótesis de inducción, se tiene:

$$
\begin{aligned}
S(n+1) &= (2 + 4 + \cdots + 2n) + (2n + 2) = S(n) + (2n + 2) = \\
&= (n^2 + n) + (2n + 2) = n^2 + 2n + 1 + n + 1 = \\
&= (n+1)^2 + (n+1)
\end{aligned}
$$

$\square$

(En la Sección 2.5.19 retomaremos este ejemplo).

1.2.9   Notación protocolaria en una demostración matemática

Imaginemos que hemos de demostrar un teorema de la forma $P \rightarrow Q$.

Al comienzo de la demostración si deseamos probar $P \rightarrow Q$, suele escribirse $(\rightarrow)$ y después tenemos tres opciones:

(a) Se supone P (como cierto), y se argumenta hasta concluir Q.

(b) Se supone que Q es falso y se argumenta hasta concluir que P es falso, lo que implica que se ha utilizado el modus tollens de la lógica (aunque no se mencione)

(c) Se admite P cierto y se supone que Q es falso. Entonces se argumenta hasta llegar a una contradicción, con lo que se puede afirmar Q (método de reducción al absurdo).

Algunos autores, en vez de escribir la notación $(\rightarrow)$ al principio, escriben: veamos el directo, o bien, "Veamos que la condición es necesaria", en referencia a que si se asume (cierta) P, tras una argumentación se llegará (necesariamente) a concluir Q.

En el caso de que el teorema sea de la forma $P \leftrightarrow Q$, cuando se desea demostrar $Q \rightarrow P$ (que se podría denotar $P \leftarrow Q$), entonces ello se puede indicar escribiendo al principio del párrafo: $(\leftarrow)$, o bien diciendo: "veamos el recíproco" o bien "veamos que la condición es suficiente", en referencia a que es suficiente que se verifique Q para que se verifique el doble condicional (dado que antes se había probado su "necesidad", en el teorema directo).

El final de la demostración se suele indicar poniendo el cuadrado de P. Halmos $\square$. En décadas pasadas se solía escribir c.q.d. que corresponde a "como queríamos demostrar", o siglas similares que en definitiva seguían la tradición de textos antiguos donde se utilizaba la expresión latina QED (*Quod erat demonstrandum*).

1.2.10 Los sistemas axiomáticos y las demostraciones matemáticas

La lógica que hemos estudiado en el capítulo puede extenderse a sistemas matemáticos pero no es factible para el desarrollo de la matemática en sus múltiples campos. En la actualidad, las diversas teorías de la matemática se basan en conceptos primarios (que no se definen), definiciones y un conjunto de axiomas, o postulados (premisas) consistente, que se utilizan para demostrar teoremas mediante la inferencia lógica. Un **sistema axiomático consistente** se caracteriza porque mediante las reglas de inferencia no se puede llegar a contradicción. Si además, ninguna de las premisas empleadas como axioma, se puede deducir de las restantes, el sistema se denomina *independiente*. El lector puede encontrar una mayor información y discusión sobre los sistemas axiomáticos en el libro segundo, capítulos II-V de [18]. En dicho libro, Poincaré afirma que la independencia de un sistema axiomático no es esencial. El primer sistema axiomático, elaborado para desarrollar la geometría (euclidiana), se debe a Euclides [8].

En la matemática actual, se obtiene resultados (teoremas) cada vez más complejos que se demuestran, mediante las reglas de inferencia (que no necesariamente se mencionan) a partir de otros teoremas ya conocidos (demostrados) que se usan como premisas, los cuales simplemente se referencian. Según el campo en que se trabaja se puede hablar de cierto tipo de demostraciones. Así, en el próximo capítulo las demostraciones pueden decirse que son conjuntistas; en el caso de la Geometría se habla de demostraciones geométricas, en fin se habla de demostraciones algebraicas, analíticas,... No obstante, en cualquier campo, el matemático, si le es más eficaz, utiliza técnicas de otros campos para enriquecer su teoría, hacerla más simple, o sencillamente para probar que las diversas ramas de la matemática están relacionadas.

La redacción de la matemática actual se acerca, con el rigor que permite la literatura, al pensamiento lógico. En los capítulos que siguen, tendremos ocasión de ver algunas demostraciones en diversos contextos.

1.3 LÓGICA DE PRIMER ORDEN

1.3.1 Lógica de primer orden

La lógica proposicional sólo trabaja con frases declarativas (proposiciones). En el caso de tener las dos premisas siguientes:

Los hombres son mortales. Sócrates es un hombre,

no podemos concluir lo que parece obvio: Sócrates es mortal. Para ello necesitamos una *lógica de primer orden*, que nos permita relacionar elementos de un colectivo.

Básicamente, la lógica de primer orden trabaja con *funciones proposicionales* que contienen variables definidas sobre un referencial, símbolos (para expresar relaciones) y *cuantificadores* que veremos a continuación. Cuando en una función proposicional se sustituye una variable por un elemento del referencial, se obtiene una proposición. A las formas proposicionales resultantes se les puede aplicar la lógica proposicional.

1.3.2   Ejemplo

Sea E el referencial (colectivo) formado por los números $4, 6, 10, 12, 20$. Entonces las expresiones "x es un múltiplo de 2" que simbolizaremos por $p(x)$ y "x es un múltiplo de 5" que simbolizaremos por $q(x)$, son dos funciones proposicionales (con una sola variable, x), pues cuando x es uno de los valores del referencial el resultado es una proposición (cierta o falsa). Así, $p(4)$ es cierta, pero $q(4)$ es falsa.

1.3.3   Cuantificadores

En el ejemplo anterior, se observa que $p(x)$ es cierta para cualquier valor que tome la variable x en el referencial E; ello se escribe $\forall x\, p(x)$, y se lee para todo x se verifica $p(x)$. Al símbolo $\forall$ se le denomina **cuantificador universal**. Sin embargo, $q(x)$ es cierta sólo cuando x toma los valores 10 o 20. En este caso, decimos que existen elementos que satisfacen $q(x)$, lo cual se escribe $\exists x\, q(x)$ y se lee: existe x que satisface $q(x)$. Al símbolo $\exists$ se le llama **cuantificador existencial**.

Veamos cómo se formaliza en la lógica de primer orden el razonamiento que avanzábamos al principio de la Sección 1.3.

Designemos por H y M los colectivos de los hombres y mortales, respectivamente. Denotemos por x un elemento (variable o argumento) de estos colectivos y S denotará a Sócrates. Por tanto, $H(x)$ significa que x es un hombre y $M(x)$ significa que x es un mortal. $H(S)$ afirma que Sócrates es un hombre (proposición). Para acercarnos a la formalización deseada enunciaremos ahora las premisas de la siguiente manera:

$$\left[\begin{array}{ll} P1: & \text{Todos los hombres son mortales (función proposicional)} \\ P2: & \text{Sócrates es un hombre (proposición)} \end{array}\right.$$

En este lenguaje formal se tiene:

$$\left[\begin{array}{ll} P1: & (\forall x)\,(H(x) \to M(x)) \\ P2: & H(S) \end{array}\right.$$

$$C: \quad M(S) \qquad \mathbf{MP}(1,2)$$

Se ha concluido que Sócrates es mortal.

1.3.4 Propiedades de los cuantificadores

En el contexto anterior, tienen sentido otras expresiones donde intervienen los dos cuantificadores. En una secuencia de cuantificadores del mismo tipo se puede alterar su orden, esto es

$$\forall x, \forall y, \forall z, P(x,y,z) \Leftrightarrow \forall y, \forall z, \forall x, \; P(x,y,z)$$

$$\exists x, \exists y, \exists z, P(x,y,z) \Leftrightarrow \exists z, \exists y, \exists x, \; P(x,y,z)$$

Sin embargo, los cuantificadores no son intercambiables cuando no son del mismo tipo, como vemos en el siguiente contraejemplo.

1.3.5 Contraejemplo

En el referencial E de los números reales, consideremos la función proposicional de dos variables $p(x,y)$ definida por $p(x,y) \equiv x < y$. Claramente, se tiene que $\forall x, \exists y \; p(x,y)$, ya que para todo número real x, existe otro número real y de manera que $x < y$. Sin embargo, es falso que $\exists x \forall y \; p(x,y)$, pues no existe ningún real x que sea menor que todos los números reales y.

1.3.6 Sobre terminología y expresiones literarias

(a) El denominar contraejemplo, a un ejemplo, es sólo una manera de hacer énfasis en que se propone a propósito el ejemplo para verificar que algo no se cumple.

(b) Obsérvese que en los razonamientos matemáticos se hace necesaria a veces la adecuación de tiempos verbales, concordancias y otras licencias literarias. En particular, el cuantificador $\exists$ se reemplaza por "'para algún", y el cuantificador $\forall x$ se reemplaza por "cuando x..." o "siendo x..."

(c) Cuando p y q son dos propiedades de manera que $p \Rightarrow q$, en ciertos contextos matemáticos se dice que p es más fuerte que q, o que q es más débil que p, o que q es una relajación de p.

1.3.7 Juegos de lógica

Al principio del capítulo, hemos dejado entrever que sólo nos ocuparíamos de las proposiciones que son utilizadas en argumentaciones matemáticas. No obstante, existe mucha literatura acerca de pasatiempos y acertijos, que aparecen bajo el epígrafe de juegos de lógica. De ellos se dice que además de entretener ayudan a desarrollar la mente. En esta sección estamos dispuestos a realizar ciertas concesiones a tales planteamientos y pondremos a prueba la lógica aristotélica para participar en la solución del siguiente *acertijo*, haciéndonos cómplices de algunos planteamientos (obviamente no matemáticos), y sin profundizar en la semántica del lenguaje (véase también el Problema P1.3).

Acertijo. Se ha cometido un robo, por uno de tres hombres que nombraremos A, B y C. El comisario les interroga uno a uno y obtiene las siguientes respuestas (premisas):

$$\begin{bmatrix} P1: & \text{Dice A que él no es el ladrón} \\ P2: & \text{Dice B que el ladrón es C} \\ P3: & \text{Dice C que él no es el ladrón} \end{bmatrix}$$

Se sabe que sólo uno de los tres ha dicho la verdad y que sólo uno ha perpetrado el robo. Se pregunta quién es el ladrón.

Si nombramos por p, q y r las proposiciones a que dan lugar $P1, P2$ y $P3$, respectivamente, atendiendo a la persona que habla, no se podría inferir relación alguna entre ellas y por tanto no se puede llegar a ninguna conclusión. La opción que nos queda para seguir con el acertijo es nombrar las proposiciones a, b y c, sólo por el hecho manifestado, de la siguiente manera:

Proposición a: "A es el ladrón", Proposición b: "B es el ladrón" y Proposición c: "C es el ladrón". De esta manera las premisas iniciales se traducen en el siguiente sistema:

$$\begin{bmatrix} P1: & \neg a \\ P2: & c \\ P3: & \neg c \end{bmatrix}$$

Como se observa, el sistema es inconsistente pues la adición de $P2$ y $P3$ nos da $c \wedge \neg c$, que es una contradicción, por lo que no se les puede aplicar las reglas de inferencia lógica. El acertijo nos dice que sólo uno dice la verdad, así que tenemos tres supuestos posibles:

Supuesto 1: A dice la verdad y los dos restantes mienten. Entonces el sistema de premisas sería:

$$\left[\begin{array}{ll} P1: & \neg a \\ P2: & \neg c \\ P3: & c \end{array}\right.$$

que es un sistema inconsistente, pues uniendo $P2$ y $P3$ se tiene la contradicción $c \wedge \neg c$

Supuesto 2: B dice la verdad y los dos restantes mienten. Entonces el sistema de premisas sería:

$$\left[\begin{array}{ll} P1: & a \\ P2: & c \\ P3: & c \end{array}\right.$$

El sistema es ahora consistente y se puede concluir $a \wedge c$ (i.e., A y C son los ladrones), pero ésta no es la solución, pues en el acertijo se nos dice que hay sólo un ladrón.

Supuesto 3: C dice la verdad y los dos restantes mienten. Entonces el sistema de premisas sería:

$$\left[\begin{array}{ll} P1: & a \\ P2: & \neg c \\ P3: & \neg c \end{array}\right.$$

En este caso se puede concluir $a \wedge \neg c$, es decir A es el ladrón y C no es el ladrón, que es la solución al acertijo.

El lector puede llegar a la misma conclusión sin necesidad de recurrir a la inferencia lógica. Basta con que se plantee que sean A, o B, o C, por separado, quienes digan verdad, y los dos restantes los que mienten, sabiendo que sólo uno es el ladrón.

No obstante lo argumentado en esta sección, los autores queremos rendir un pequeño homenaje a los científicos que han sabido deleitarnos con acertijos, redactados con rigor y precisión, cuya solución requiere del uso de la lógica (u otras partes de la matemática), formulando en el Problema P1.4 un acertijo inédito (En realidad es una versión sofisticada de la que aparece en el libro de divulgación: "Martin Gardner, Miscelánea matemática [12], y que a su vez el autor confiesa que es una adaptación de una sugerencia del físico Werner Joho).

1.4   EJERCICIOS PROPUESTOS

E1.1 Sean las proposiciones $p \equiv 1 + 1 = 3$, $q \equiv 2 + 2 = 4$, $r \equiv 3 + 3 = 6$.

(a) Dígase el valor de verdad de p, q, y r.

(b) Dígase el valor de verdad de $p \vee q$, $p \vee q \vee r$, $p \wedge q$, $q \wedge r$, $(p \vee q) \wedge r$, $p \vee (q \wedge r)$, $p \wedge (q \vee r)$, $(p \wedge q) \vee r$, $p \rightarrow q$, $q \rightarrow p$, $p \rightarrow r$, $q \rightarrow r$, $p \leftrightarrow q$, $q \leftrightarrow r$.

E1.2 Propóngase una fórmula lógica para las siguientes expresiones:

(a) Si no tienes dinero, eres pobre o gastas demasiado. (Nota: Es un condicional y atendiendo al convenio jerárquico, se puede escribir sin ningún paréntesis. Lo mismo acontece en (b)).

(b) Si el fútbol es por la tarde, entonces nosotros llegaremos pronto y Carmen llegará tarde. (Se propone al lector intercambiar las frases para convertir la expresión en una conujunción).

(c) No es cierto que, o Juan es el más listo o Pedro es el más bajo.

(d) María sale ahora y o Juan (saldrá con ella) o Pedro saldrá con ella. (Nota. El paréntesis permite interpretar mejor lo que persigue el autor, aunque en literatura es innecesario)

E1.3 Demuéstrese que el condicional $P \rightarrow (P \bigtriangleup Q)$ no es tautología.

E1.4 Demuéstrese que $\emptyset \rightarrow Q$, para cualquier Q, es una tautología.

E1.5 Demuéstrese la equivalencia $\neg p \vee q \equiv p \rightarrow q$.

E1.6 Formaliza las dos premisas siguientes y deduce una conclusión lógica:

Este árbol o es un naranjo o un limonero. No es un limonero.

(Nota: Este ejercicio es un caso particular del siguiente ejercicio).

E1.7 Demuéstrese que la siguiente regla de inferencia (*tollendo ponens*) es válida:

Si $A \vee B$ es cierto, pero A es falso, entonces B es cierto.

(Ayuda: el lector debe probar que el condicional es tautológico, haciendo la correspondiente tabla de verdad).

E1.8 (a) Hágase una deducción lógica para concluir A, en el siguiente sistema
$$\begin{bmatrix} P1 & A \vee B \\ P2 & \neg C \\ P3 & B \rightarrow C \end{bmatrix}$$

(b) Utiliza el *método de comprobación* (Sección 1.2.3) para demostrar que efectivamente A es conclusión lógica del sistema $P1, P2, P3$ (haz la tabla de verdad de $P1 \wedge P2 \wedge P3$).

E1.9 Hágase una deducción lógica para concluir $\neg A$, en el siguiente sistema

$$\left[\begin{array}{ll} P1 & B \vee \neg A \\ P2 & C \rightarrow \neg B \\ P3 & C \end{array} \right.$$

E1.10 Resuélvase el ejemplo (a) de la Sección 1.2.8 utilizando el método de reducción al absurdo.

E1.11 Demuéstrese la inconsistencia del siguiente sistema de premisas

$$\left[\begin{array}{ll} P1: & P \rightarrow Q \\ P2: & P \wedge \neg Q \end{array} \right.$$

(Sugerencia: Hágase una tabla de verdad para probar que $P1 \wedge P2$ es una contradicción)

E1.12 Demuéstrese la inconsistencia del siguiente sistema de premisas

$$\left[\begin{array}{ll} P1: & A \rightarrow (B \vee C) \\ P2: & D \rightarrow \neg C \\ P3: & B \rightarrow \neg A \\ P4: & A \\ P5: & D \end{array} \right.$$

(Sugerencia: lléguese a una contradicción mediante inferencia lógica).

E1.13 Si x es múltiplo de 4, entonces es múltiplo de 2 (Sugerencia: hacer una demostración matemática directa)

E1.14 (a) Hállese $P(1) = 1^1, P(2) = 1^2, P(3) = 1^3, \ldots$ Intúyase la expresión para $P(n) = 1^n$, $n = 1, 2, \ldots$ y pruébese por inducción.

(b) Demuéstrese por inducción que la suma $S_1(n)$ de los primeros n enteros positivos $S_1(n) = 1+2+\cdots+n$, viene dada por la expresión $S_1(n) = \dfrac{(1+n) \cdot n}{2}$, para $n = 1, 2, 3, \ldots$. Se acepta $S_1(1) = 1$.

E1.15 Demuéstrese por inducción sobre n, que para cualquier número natural k no nulo, se verifica que $2^n \cdot 2^k = 2^{n+k}$

E1.16 Demuéstrese por inducción (la ley de De Morgan Generalizada):

$$\neg(P1 \vee P2 \vee \cdots \vee Pn) \equiv \neg P1 \wedge \neg P2 \wedge \neg \cdots \wedge \neg Pn$$

E1.17 En el referencial E de los enteros, se consideran las siguientes funciones proposicionales (que el lector debe denotar): Todo número múltiplo de 4 es par. Todo número par es entero. Se considera también la proposición: 8 es un múltiplo de 4. Conclúyase que 8 es entero. (Utilícese la lógica de primer orden)

1.5 PROBLEMAS PROPUESTOS

P1.1 El lector deberá encontrar el error en la siguiente supuesta "demostración" por inducción. (El ejemplo se debe a G. Pólya). Dado un conjunto de n niñas, si al menos una de ellas tiene ojos azules, entonces las n niñas tienen ojos azules.

Supuesta demostración.

El enunciado es cierto para $n = 1$, obviamente. Supongamos que es cierta para n niñas. Sean $N_1, \ldots, N_{n+1}$ niñas con al menos una, digamos N_1, con los ojos azules. Veamos que todas tienen los ojos azules:

El grupo de niñas $N_1, \ldots, N_n$, verifica la hipótesis de inducción, con lo que todas ellas tienen los ojos azules. Por tanto como N_2 tiene los ojos azules, también $N_2, \ldots, N_n, N_{n+1}$ verifica la hipótesis de inducción, con lo que en particular N_{n+1} tiene los ojos azules. Así pues, $N_1, \ldots, N_n, N_{n+1}$ tienen los ojos azules.

P1.2 **El álgebra de Boole de los interruptores**

Constrúyase una tabla en forma de diagrama cartesiano de manera que la columna de la izquierda represente los valores de verdad (0 o 1) de una proposición p y la fila superior los valores de otra proposición q. En las cuatro casillas del interior de la tabla se escribirán los valores de $p \vee q$. Procédase de manera análoga para obtener otra tabla con los valores de $p \wedge q$.

	q	
$\vee$	1	0
1		
0		

p

	q	
$\wedge$	1	0
1		
0		

p

Imaginemos que p y q son ahora dos interruptores montados en paralelo (derivación) en un circuito tras los cuales hay solamente una bombilla. Al paso de corriente por un interruptor (posición ON) se le asignará el valor 1, y en la posición OFF (no hay paso de corriente) el valor 0. Diséñese un diagrama cartesiano como en el párrafo anterior, de manera que en el interior de la tabla se escribirá valor 1 si la bombilla está encendida y 0 si está apagada. Procédase igual, pero ahora con dos interruptores en serie. Compárense estas dos tablas con las del párrafo anterior (Éstos son los fundamentos de la computación)

P1.3 **Acertijo**

Se ha cometido un robo, por uno de tres hombres que nombraremos A, B y C. El comisario les interroga uno a uno y obtiene las siguientes respuestas (premisas):

$$\begin{bmatrix} P1: & \text{Dice A: que B no es el ladrón y que el ladrón es C} \\ P2: & \text{Dice B: que él no es el ladrón y A tampoco} \\ P3: & \text{Dice C: que él no es el ladrón y que el ladrón es B} \end{bmatrix}$$

Se sabe que sólo uno de los tres ha dicho la verdad, que otro ha dicho mentira en sus dos afirmaciones y otro ha dicho verdad en una afirmación y mentira en la otra.

Se pregunta quién es el ladrón (El lector puede estudiar la consistencia a que da lugar cada uno de los 12 sistemas a que conducen la suposiciones del enunciado. La solución la obtendrá al estudiar uno de los dos casos que surgen cuando: A miente en sus dos afirmaciones, B dice verdad sólo en una afirmación y C dice verdad).

P1.4 En una reunión de personas de una asociación (entre las que se cuenta el bedel, el tesorero, el secretario y el presidente), se sabe que algunos de ellos, son mentirosos compulsivos, es decir cuando hablan, cada frase que dicen es mentira, y por el contrario, los restantes cada frase que dicen es siempre verdad. Lo cierto, que yo debía ir a la reunión para contar cuántos eran. Al llegar a la sala donde estaban reunidos, observé que estaban todos sentados en una mesa redonda, y se disponían a cenar. De pronto me pilló la curiosidad, y pregunté a cada uno de ellos si el que tenía a su derecha era persona que decía siempre verdad o si era mentiroso. La respuesta que obtuve fue sorpresiva pues todo el mundo me dijo que el que tenía sentado a su derecha era mentiroso. Al regresar a casa me di cuenta de que no había contado el número de asistentes, así que llamé al bedel para preguntarle cuántos comensales había y me dijo que habían sido 24. Para cerciorarme, llamé también al tesorero quien me dijo que habían sido 22. ¿A quién podía creer? Así, que llamo al secretario y me dijo que habían cenado 21. Desesperado, llamo al presidente, y sin querer comprometer al bedel, le dije que había preguntado al tesorero y al secretario y que me habían dado cifras distintas. La respuesta del presidente, en dos frases, fue: "el tesorero y el secretario son mentirosos. Había 23". Con la información de arriba y usando la lógica ¿podría el lector decidir cuántos comensales había?

Capítulo 2

TEORÍA DE CONJUNTOS

En este capítulo vamos a tratar la teoría de conjuntos de dos maneras distintas. En primer lugar, en la Sección 2.1, introduciremos la teoría de su fundador G. Cantor, de una manera simplista, pero suficientemente rigurosa (con las precauciones necesarias, para no incurrir en ninguna contradicción), para su tratamiento elemental. Así pues, desarrollaremos la teoría de conjuntos, a través del concepto primario de conjunto. Después introduciremos los conceptos de unión e intersección de conjuntos, así como complementario de un conjunto. A partir de todos estos conceptos y con ciertas notaciones que le son propias, desarrollaremos la teoría de conjuntos más allá de la estructura de álgebra de Boole, mediante demostraciones que denominaremos conjuntistas. En segundo lugar, en la Sección 2.2, introduciremos la teoría conjuntista desde la lógica matemática, y mostraremos la relación entre ambas teorías. Con ello, tendremos dos visiones de la teoría conjuntista. El propósito de este planteamiento es doble: de una parte, mostrar cómo se aborda una teoría de distintos puntos de vista, y de otra parte cómo podemos seleccionar, uno de los dos enfoques posibles, a la hora de resolver un problema.

La Sección 2.3 (productos cartesianos) es un paso intermedio para abordar el concepto de aplicación biyectiva que se estudiará en la Sección 2.4. Ello nos permitirá, en la Sección 2.5, definir el concepto de cardinalidad y el concepto de conjunto infinito, debido a G. Cantor, que es uno de los logros más importantes de la teoría conjuntista. Finalizaremos el capítulo demostrando que el conjunto de los números reales tiene cardinal infinito no numerable, que se conoce como **c** (el cardial del continuo).

Notas aclaratorias sobre las demostraciones: En este capítulo nos vamos a encontrar con el término sii como abreviatura de "si, y sólo si." En cierta forma es una traducción del término *iff* en inglés, que es una abreviatura, ampliamente aceptada en textos matemáticos, de la expresión "*if and only if*".

Observemos que todas aquellas consecuencias o propiedades *evidentes*, a lo largo del texto, deberían ser demostradas con el rigor con que se demuestra cualquier teorema (de hecho, así se procedía con los textos clásicos de mediados del siglo XX). No obstante, para no extender el texto, los autores suelen enunciar las propiedades y después, llegada la "demostración" se dice sencillamente "es trivial", y se omite la prueba. Puede suceder que la prueba, aunque sencilla, sea laboriosa y el autor, por acortar el texto y no desviar la atención sobre el resultado fundamental que se persigue, quiera omitirla; en tal caso resulta elegante decir que "la prueba se deja al lector, como ejercicio". En los textos científicos con literatura inglesa, se omite la prueba y se escribe "*it is straightforward*". En el caso en que se desee omitir una prueba que no es inmediata, este aspecto debería ser advertido.

Los lectores interesados en profundizar en los contenidos del capítulo pueden consular las obras [13, 14] y los que deseen conocer la evolución de la matemática hasta adentrado el siglo XX pueden consultar [1, 5].

2.1   EL ÁLGEBRA DE BOOLE DE LA TEORÍA DE CONJUNTOS

2.1.1   Conjuntos

Un **conjunto** es una *colección* de elementos. Los conjuntos suelen denotarse con letras mayúsculas. Cuando se explicitan los elementos de un conjunto, éstos, sin repetirse, se encierran entre llaves separados por comas. En ciertos contextos se utilizan los términos **sistema, colección** y **familia** como sinónimos de conjunto. Así se habla de "familia de conjuntos" en vez de "conjunto de conjuntos" y "sistema de vectores" en vez de "conjunto de vectores".

Designaremos por $\mathbb{N}$, $\mathbb{Z}$, $\mathbb{Q}$, $\mathbb{R}$ y $\mathbb{C}$ a los conjuntos de los números naturales, enteros, racionales, reales y complejos, respectivamente. Así, por ejemplo:

$$\mathbb{N} = \{0, 1, 2, \dots\} \quad \text{y} \quad \mathbb{Z} = \{\dots, -2, -1, 0, 1, 2, \dots\}.$$

Un **conjunto unitario** es aquél que posee un único elemento. Esta terminología se extiende a conjuntos de dos o más elementos, de manera obvia.

Para expresar que un elemento a **pertenece** a un conjunto S (o que está en S) se escribe $a \in S$. Si a no está en S se escribe $a \notin S$. Para expresar que un conjunto A está **contenido** (o **incluido**) en otro B (i.e., todo elemento de A está en B) se escribe $A \subset B$ (o $B \supset A$), en tal caso se dice que A es un **subconjunto** de B. Si A no está incluido en B se escribe $A \not\subset B$.

Se designa por $\emptyset$ al conjunto que no posee elementos, denominado **vacío**. Uno de los axiomas de la teoría de Zermelo-Fraenkel, establece que $\emptyset$ es único y está incluido en todos los conjuntos. Todo conjunto no vacío S posee dos subconjuntos **impropios**: $\emptyset$ y S. Los demás subconjuntos de S se llaman **propios**.

Dos conjuntos A y B son **iguales**, y se escribe $A = B$, cuando poseen los mismos elementos, lo cual sucede sii $A \subset B$ y $B \subset A$.

Necesitamos avanzar (véase Sección 2.2) que un conjunto también se describe a través de una expresión caracterizadora de sus elementos dentro de un contexto (conjunto **referencial**). Así, el conjunto $\{0, 1, 2, 3, 4\}$ también se puede escribir de las dos formas siguientes:

$$\{x \in \mathbb{N} : x < 5\} \quad \text{o} \quad \{x \in \mathbb{Z} : 0 \leq x \leq 4\}.$$

En el primer caso, el conjunto referencial es $\mathbb{N}$, y el conjunto lo forman aquellos elementos, léase, "x pertenecientes a $\mathbb{N}$ tales que $x < 5$" (propiedad caracterizadora).

2.1.2 Ejemplos

(a) El conjunto V de las vocales es $V = \{a, e, i, o, u\}$ (o $V = \{e, i, a, o, u\}$ pues el orden de aparición de los elementos es irrelevante).

Se tiene que $\{a, e, o\} \subset V$ pero $\{a, m\} \not\subset V$ pues $m \notin V$.

(b) $-2 \in \mathbb{Z}$ pero $-2 \notin \mathbb{N}$

(c) Se tienen las inclusiones *numéricas* $\mathbb{N} \subset \mathbb{Z}$, $\mathbb{Z} \subset \mathbb{Q}$, $\mathbb{Q} \subset \mathbb{R}$ y $\mathbb{R} \subset \mathbb{C}$. Sin embargo las inclusiones *contrarias* no se verifican.

(d) El conjunto *binario* $\{-1, 1\}$ se puede escribir $\{x \in \mathbb{Z} : 1 \leq x^2 \leq 2\}$.

(e) Se tiene que
$$\{x \in \mathbb{R} : x^2 = -1\} = \emptyset.$$

Obsérvese que el conjunto $\emptyset$ viene determinado por una condición imposible de cumplir.

(f) El conjunto $\{0, 2, 4, \dots\}$ que contiene el 0 y los pares, es el conjunto $\{2n : n \in \mathbb{N}\}$ por lo que habitualmente se representa por $2\mathbb{N}$. Análogamente si $p \in \mathbb{N}^*$, $p\mathbb{N}$ representa los naturales múltiplos de p, que también suelen denotarse $\dot{p}$.

2.1.3   Uso de los símbolos de pertenencia e inclusión

Si $a \in S$ podemos escribir $\{a\} \subset S$ pero la notación $a \subset S$ es incorrecta. En la actualidad, en argumentaciones matemáticas, se acepta la notación $a, b \in S$ para indicar que ambos elementos a y b pertenecen a S.

2.1.4   Representaciones gráficas

En ocasiones los conjuntos se describen (definen) mediante gráficos. Así, un **diagrama de Venn** es una representación gráfica plana de un conjunto, en la que sus elementos quedan encerrados por una línea, como se muestra en la Figura 2.1 en la que se representa el conjunto de vocales.

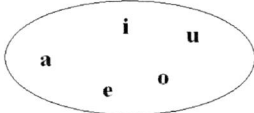

Figura 2.1: Diagrama de Venn del conjunto de las vocales.

En la Figura 2.2 se *muestra* que $A \subset B$.

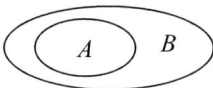

Figura 2.2: Diagrama de Venn de $A \subset B$.

En un **diagrama lineal** los elementos del conjunto son los que resaltan sobre el segmento o la recta donde se representan. Este tipo de representación es interesante cuando se desea entrever un *orden* entre los elementos. En la Figura 2.3 se representa en $\mathbb{R}$ el conjunto $I = \{x \in \mathbb{R} : 1 \le x < 2\}$ que es el intervalo $[1, 2[$.

Figura 2.3: Diagrama lineal del interavalo $[1, 2[$.

2.1.5 Unión, intersección y complementación de conjuntos

Sean A y B dos conjuntos. Se define la **unión** de los conjuntos A y B, y se denota $A \cup B$ (se lee A unión B), como el conjunto

$$A \cup B = \{x : x \in A \text{ o } x \in B\}.$$

De esta manera, $A \cup B$ contiene los elementos de A o B (recordemos que la disyunción lógica "o" es inclusiva). Este concepto se extiende de forma natural a una familia cualquiera de conjuntos de manera que la unión de éstos está formada por los elementos que pertenecen a alguno de los conjuntos de la familia como muestra la Figura 2.4. (Para su notación, véase Ejercicio E2.2).

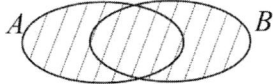

Figura 2.4: Diagrama de Venn de $A \cup B$ (conjunto rayado).

Se define la **intersección** de los conjuntos A y B, que se denota $A \cap B$ (se lee A intersección B), como el conjunto

$$A \cap B = \{x : x \in A \text{ y } x \in B\}.$$

De esta manera, $A \cap B$ contiene los elementos comunes a A y a B como muestra la Figura 2.5. Si A y B no tienen elementos comunes se dice que son **disjuntos**. Al igual que antes este concepto se generaliza a una familia cualquiera de conjuntos (para su notación, véase Ejercicio E2.3).

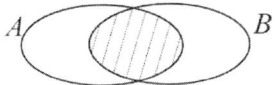

Figura 2.5: Diagrama de Venn de $A \cap B$ (conjunto rayado).

De las definiciones se desprenden las siguientes propiedades inmediatas:
$$A \subset A \cup B,$$
$$A \cap B \subset A,$$
$$A \subset B \Leftrightarrow A \cup B = B \Leftrightarrow A \cap B = A$$

Si A y B son conjuntos dentro de un referencial E, se define el **complementario** de A (respecto E), y se denota por A^c (se lee A complementario), como el conjunto formado por los elementos de E que no están en A (parte izquierda de la Figura 2.6. De manera más general se define el conjunto $B - A$ (**diferencia** de B y A), como el conjunto de los elementos de B que no están en A. Es fácil observar que $B - A = B \cap A^c$. En la parte derecha de la Figura 2.6, $B - A$ es el conjunto rayado.

Figura 2.6: Diagramas de Venn de A^c (izquierda) y $B - A$ (derecha).

Se define la **diferencia simétrica** de dos conjuntos A y B, y se denota $A \triangle B$ como $A \triangle B = (A \cup B) - (A \cap B)$. Este concepto se corresponde con la iterpretación de la "o" exclusiva, en lógica (véase la Figura 2.7). Es obvio que $A \triangle B = (A - B) \cup (B - A)$. La diferencia simétrica es una operación asociativa y conmutativa.

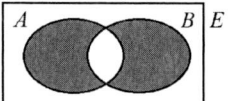

$A \triangle B$ es la zona sombreada.

Figura 2.7: Diagrama de Venn de la diferencia simétrica (zona sombreada).

Las siguientes propiedades son inmediatas:

$$E^c = \emptyset, \qquad A^c = B^c \Leftrightarrow A = B, \qquad (A^c)^c = A,$$
$$\emptyset^c = E, \qquad A \subset B \Leftrightarrow B^c \subset A^c.$$

Hagamos, por ejemplo, la prueba de $A \subset B \Leftrightarrow B^c \subset A^c$.

Veamos el directo. Supongamos $A \subset B$. Probemos que $B^c \subset A^c$:

Sea $x \in B^c$, entonces $x \notin B$ y por la hipótesis inicial $x \notin A$, i.e. $x \in A^c$ con lo que $B^c \subset A^c$.

Veamos el recíproco. Supongamos pues $B^c \subset A^c$, y probemos que $A \subset B$: Sea $x \in A$, entonces $x \notin A^c$ y por la nueva suposición $x \notin B^c$ con lo que $x \in B$. Por tanto $A \subset B$. $\square$

La intersección de conjuntos es una operación frecuente en álgebra. De hecho, la solución de un sistema de ecuaciones (o inecuaciones) no es más que el conjunto intersección de los conjuntos que representan las soluciones de cada una de las ecuaciones (o inecuaciones). Véase el ejemplo 2.1.6 (b).

2.1.6   Ejemplos (diagrama de Venn e intervalos)

(a) Sea el referencial $E = \{1, 2, 3, 4, 5, 6\}$. Sean los conjuntos $A = \{1, 2, 3\}$, $B = \{3, 4, 5\}$ (ver diagrama de Venn de la Figura 2.8).

Entonces: $A \cup B = \{1, 2, 3, 4, 5\}$, $A \cap B = \{3\}$, $A^c = \{4, 5, 6\}$, $B^c = \{1, 2, 6\}$, $B - A = \{4, 5\}(= B \cap A^c)$, $A - B = \{1, 2\}(= A \cap B^c)$.

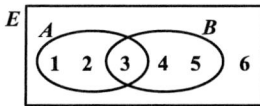

Figura 2.8: Diagrama de Venn correspondiente al Ejemplo 2.1.6

(b) (Sobre intervalos) El concepto de valor absoluto nos lleva de inmediato a concluir (véase Figura 2.9)

$$A = \{x \in \mathbb{R} : |x| < 2\} =]-2, 2[.$$

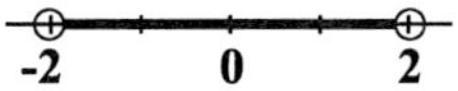

Figura 2.9: Intervalo $]-2, 2[$.

Para ilustrar conceptos, pasemos a formalizar analíticamente este resultado. La condición $|x| < 2$ equivale a $-2 < x < 2$ que se reduce al sistema de dos inecuaciones $A \equiv \begin{cases} x < 2 & (i) \\ x > -2 & (ii) \end{cases}$.

De (i) se tiene la solución $A_1 =]-\infty, 2[$ y de (ii) se tiene la solución $A_2 =]-2, +\infty[$. Así pues, $A = A_1 \cap A_2 =]-\infty, 2[\cap]-2, +\infty[=]-2, 2[$.

Respecto a la notación, en álgebra se acostumbra a escribir las inecuaciones (i) e (ii) en una línea, y así aparece

$$A = \{x \in \mathbb{R} : x < 2, x > -2\} = \{x \in \mathbb{R} : x < 2\} \cap \{x \in \mathbb{R} : x > -2\} =$$
$$=]-\infty, 2[\cap]-2, +\infty[=]-2, 2[.$$

Desde ahora aceptaremos, sin más dilación, que para $k > 0$ se tiene $\{x \in \mathbb{R} : |x| < k\} =]-k, k[$ y $\{x \in \mathbb{R} : |x| \leq k\} = [-k, k]$.

Observación. En la actualidad se observa alguna tendencia a nombrar por (a, b) al intervalo $]a, b[$. Nosotros no utilizaremos esta notación porque en matemáticas, en general, y en este capítulo en particular, (a, b) tiene otro significado (véase Sección 2.3.1).

2.1.7   El álgebra de Boole de la teoría de conjuntos

(Se sugiere al lector que compare esta sección con la Sección 1.1.19). Supongamos que los siguientes conjuntos están definidos en un referencial E.

Se verifican las siguientes propiedades (de carácter dual), que no demostramos:

Asociativas:
$(A \cup B) \cup C = A \cup (B \cup C)$, $(A \cap B) \cap C = A \cap (B \cap C)$.
Conmutativas:
$A \cup B = B \cup A$, $A \cap B = B \cap A$.
Distributivas
$(A \cup B) \cap C = (A \cap C) \cup (B \cap C)$, $(A \cap B) \cup C = (A \cup C) \cap (B \cup C)$.
Existencia de complementario:
$A \cup A^c = E$, $A \cap A^c = \emptyset$.
Existencia de neutros:
$A \cup \emptyset = A$, $A \cap E = A$.

Por cumplirse las anteriores propiedades, los conjuntos con las *leyes* de la unión, intersección y complementación constituyen un **álgebra de Boole**.

Puesto que la unión de conjuntos verifica la asociatividad, el uso de paréntesis es innecesario cuando aparece sólo esta operación. Esto mismo ocurre con la intersección.

A partir de las propiedades anteriores se pueden obtener las siguientes (véase Problema P3.6), aunque todas ellas son sencillas de demostrar con una prueba conjuntista:

$$
\begin{array}{lll}
A \cup E = E & A \cap \emptyset = \emptyset & \text{Absorbencias} \\
A \cup A = A & A \cap A = A & \text{Idempotencias} \\
A \cup (A \cap B) = A & A \cap (A \cup B) = A & \text{Simplificativas}
\end{array}
$$

También se verifican las **leyes de De Morgan** o del complementario:

$$(A \cup B)^c = A^c \cap B^c \qquad (A \cap B)^c = A^c \cup B^c$$

Demostremos, por ejemplo, que $(A \cup B)^c = A^c \cap B^c$. Por tratarse de una igualdad de conjuntos habremos de probar una doble inclusión. Veamos en primer lugar que $(A \cup B)^c \subset A^c \cap B^c$. Sea $x \in (A \cup B)^c$, entonces $x \notin A \cup B$ y por tanto $x \notin A$ y $x \notin B$, por lo que $x \in A^c$ y $x \in B^c$, y en consecuencia, $x \in A^c \cap B^c$.

Veamos ahora la otra inclusión $A^c \cap B^c \subset (A \cup B)^c$. Sea $x \in A^c \cap B^c$, entonces $x \in A^c$ y $x \in B^c$, y por tanto $x \notin A$ y $x \notin B$ por lo que $x \notin A \cup B$ y en consecuencia $x \in (A \cup B)^c$. $\square$

Por inducción se demuestra que $(\cup_{i=1}^{n} A_i)^c = \cap_{i=1}^{n} A_i^c$ así como $(\cap_{i=1}^{n} A_i)^c = \cup_{i=1}^{n} A_i^c$. (Véase Ejercicio E2.7).

2.1.8   Partición

Los conjuntos $A_1, A_2, \ldots, A_n$ se dice que son disjuntos dos a dos si $A_i \cap A_j = \emptyset$ para $i \neq j$ cuando $i, j \in \{1, 2, \ldots, n\}$. Una familia de conjuntos

A_1, A_2, ..., A_n constituyen una **partición** del conjunto E si dos a dos son disjuntos y, además, $A_1 \cup A_2 \cup \cdots \cup A_n = E$.

Los conjuntos A, B, C dados por $A = \{a, b, c\}$, $B = \{d, e\}$, $C = \{f, g\}$ constituyen una partición de $E = \{a, b, c, d, e, f, g\}$ (véase Figura 2.10).

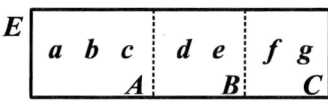

Figura 2.10: Partición de un conjunto.

2.1.9 Generalización a una familia de conjuntos

Los conceptos de conjuntos disjuntos dos a dos y de partición se generalizan, de manera obvia, a una familia de conjuntos cualquiera $\{A_i : i \in I\}$, donde el conjunto de índices I no tiene que ser necesariamente finito.

2.2 LA TEORÍA DE CONJUNTOS BASADA EN LA LÓGICA MATEMÁTICA

Para evitar repeticiones innecesarias, solamente expondremos aquellos conceptos formulados como novedosos en términos de la lógica matemática.

2.2.1 Definición de conjunto

Sea E el referencial de la función proposicional $p(x)$. En esta sección, con la notación $P = \{x \in E : p(x)\}$, simbolizamos el conjunto P formado por los elementos x del referencial E para los cuales $p(x)$ es cierta. En ocasiones, cuando se conoce el contexto, se omite la mención a E. Acabamos de definir el conjunto P por comprensión (del significado de p). Se dice que P viene definido por $p(x)$. En algunos campos de la ciencia, se acostumbra a escribir $P :=$ en vez de $P =$. Cuando el conjunto se define por declaración de cada uno de sus elementos, como hemos visto en la Sección 2.1, se dice que está definido *por extensión*.

Si para un elemento x del referencial E se tiene $p(x)$ (i.e., $p(x)$ es cierto), se escribe $x \in P$ y se dice que x pertenece a P (o que x está en P), de lo contrario se escribe $x \notin P$ y se dice que x no pertenece a P. En consecuencia, el conjunto P se caracteriza porque $x \in P \Leftrightarrow p(x)$ es cierto y $x \notin P \Leftrightarrow \neg p(x)$ es cierto (i. e., $p(x)$ es falso).

Cuando se tiene $\forall x \ \neg p(x)$ (es decir, $p(x)$ es siempre falsa) decimos que P no tiene elementos y se le denomina conjunto vacío, que se representa con el símbolo $\emptyset$. El conjunto vacío puede ser definido por cualquier contradicción $p(x) \wedge \neg p(x)$. También, de manera análoga, el referencial E se puede definir por cualquier tautología. En lo sucesivo sobreentenderemos que todas las funciones proposicionales están definidas en un mismo referencial E (no vacío), salvo mención explícita.

2.2.2 Inclusión e igualdad de conjuntos

Sean P y Q dos conjuntos definidos por las funciones proposicionales $p(x)$ y $q(x)$, respectivamente. Se dice que P es un subconjunto de Q, y escribimos $P \subset Q$ o $P \subseteq Q$ (se lee: P está incluido en Q), si la función proposicional $\forall x \in E \ p(x) \rightarrow q(x)$, es verdadera. El símbolo conjuntista $\subset$ es el de inclusión. Ahora bien, $x \in P$ sii $p(x)$ es verdadera, pero entonces, por aplicación del modus ponens, $q(x)$ es verdadera, con lo que $x \in Q$. Por tanto la definición anterior caracteriza la inclusión de conjuntos en términos conjuntistas. Así, $P \subset Q$ sii todo elemento de P pertenece a Q. Para negar que $P \subset Q$, se escribe $P \not\subset Q$ o $P \not\subseteq Q$.

Si se tiene $p(x) \Rightarrow q(x)$ y $q(x) \Rightarrow p(x)$, o lo que es lo mismo $p(x) \Leftrightarrow q(x)$, entonces P y Q tienen los mismos elementos y se escribe $P = Q$. Nótese que $P = Q$ sii $P \subset Q$ y $Q \subset P$, lo cual no es otra cosa que su definición conjuntista. Desde el punto de vista de la lógica, para probar una igualdad de conjuntos, hay que probar una doble implicación.

De las tautologías $\emptyset \Rightarrow P$, $P \Rightarrow P$ y de **SH**, respectivamente, se deduce:

(1) $\emptyset \subset P$, para cualquier conjunto P

(2) $P \subset P$

(3) $P \subset Q$ y $Q \subset R \Rightarrow P \subset R$

2.2.3 Ejemplo

Tomemos como referencial el conjunto $\mathbb{N}$ de los números naturales y consideremos las funciones proposicionales $p(x) :$ "x es múltiplo de 10" (i.e., $x = 10\,k$ para algún $k \in \mathbb{N}$) y $q(x) :$ "x es múltiplo de 2" (i.e., $x = 2\,k$ para algún $k \in \mathbb{N}$). Sean P y Q los conjuntos definidos por $p(x)$ y $q(x)$, respectivamente:

$$P = \{x \in \mathbb{N} : p(x)\} = \{x \in \mathbb{N} : \exists\,k \in \mathbb{N}, \ x = 10\,k\}$$

$$Q = \{x \in \mathbb{N} : p(x)\} = \{x \in \mathbb{N} : \exists\,k \in \mathbb{N}, \ x = 2\,k\}$$

Elijamos ahora un elemento (cualquiera) x múltiplo de 10; se tiene que $x = 10\,k$ para algún $k \in \mathbb{N}$, y entonces $x = 2 \cdot (5k)$, donde $5k$ es un número natural y por tanto x es múltiplo de 2. En consecuencia $p(x) \Rightarrow q(x)$, y por tanto $P \subset Q$.

2.2.4   Conjunto complementario

Supongamos el conjunto P definido por $p(x)$. Se define el conjunto complementario de P respecto de E, y se escribe P^c, al conjunto $\{x \in E : \neg p(x)\}$, es decir, se trata del conjunto de elementos de E que no satisfacen $p(x)$, o sea, los que no pertenecen a P. Por tanto, $P^c = \{x \in E : x \notin P\}$.

2.2.5   Sobre la notación de conjunto complementario

El conjunto P^c queda mejor precisado con la notación $C_E P$ que hace mención al referencial E. También, P^c se denota $E - P$, usando la notación $-$ que veremos en la Sección 2.2.8, cuya interpretación parece intuitiva.

2.2.6   Unión e intersección de conjuntos

Sean P y Q dos conjuntos definidos por las funciones proposicionales $p(x)$ y $q(x)$, respectivamente. Se define la unión de conjuntos P y Q como el conjunto $P \cup Q$ dado por $P \cup Q = \{x \in E : p(x) \vee q(x)\}$, y se define la intersección de P y Q como el conjunto $P \cap Q$, dado por $P \cap Q = \{x \in E : p(x) \wedge q(x)\}$. De las definiciones anteriores se deduce que $P \cup Q$ posee los elementos de P y también los de Q, y que $P \cap Q$ posee sólo los elementos comunes a P y a Q.

2.2.7   El álgebra de Boole de los conjuntos (fundamentada desde la lógica)

Hemos definido los conjuntos a través de las proposiciones; la unión e intersección de conjuntos se corresponden con la disyunción (inclusiva) $\vee$ y la conjunción $\wedge$ del capítulo anterior, respectivamente; así mismo el complementario se corresponde con la negación $\neg$. Además, $\emptyset$ se corresponde con la contradicción y E con la tautología τ. En tal situación, las propiedades de la Sección 2.1.7 son consecuencia inmediata de las tautologías establecidas en la Sección 1.1.19, por lo que pueden asumirse, con tal de añadir que se obtienen *extendiendo* las propiedades del Capítulo 1 al contexto conjuntista.

2.2.8   Diferencia de conjuntos

Dados los conjuntos P y Q definidos por las funciones proposicionales $p(x)$ y $q(x)$, respectivamente, la diferencia de conjuntos $P - Q$ (se lee P menos Q), se define de la siguiente forma

$$P - Q = \{x : p(x) \wedge \neg q(x)\} = \{x : x \in P \text{ y } x \notin Q\} = P \cap Q^c$$

La diferencia simétrica $\triangle$ de P y Q se define de la siguiente forma

$$P \triangle Q = \{x : p(x) \triangle q(x)\} = P \cup Q - (P \cap Q)$$

Nótese que $P \triangle Q = Q \triangle P$

Una vez hemos unificado las dos teorías que han conducido al álgebra de Boole de los conjuntos, proseguimos con nuevos conceptos.

2.3   PRODUCTOS CARTESIANOS

2.3.1   Producto cartesiano

Sean A y B conjuntos no vacíos y sean $a \in A$ y $b \in B$. El elemento (a, b) se llama **par ordenado** y diremos que $(a, b) = (c, d)$ sii $a = c$ y $b = d$. Se define el **producto cartesiano** de A por B, y se escribe $A \times B$, como el conjunto

$$A \times B = \{(a, b) : a \in A, \ b \in B\}.$$

Si A y B tienen r y s elementos, respectivamente, es fácil observar que $A \times B$ tiene $r \cdot s$ elementos.

Si $A_1, A_2, \ldots, A_n$ son n conjuntos no vacíos, se define el producto cartesiano $A_1 \times A_2 \times \cdots \times A_n$ como

$$A_1 \times A_2 \times \cdots \times A_n = \{(a_1, a_2, \ldots, a_n) : a_1 \in A_1, a_2 \in A_2, \ldots, a_n \in A_n\}$$

Si $r_1, r_2, \ldots, r_n$ son el número de elementos de $A_1, A_2, \ldots, A_n$, respectivamente, entonces $A_1 \times A_2 \times \cdots \times A_n$ posee $r_1 \cdot r_2 \cdots r_n$ elementos. En particular $A \times A \times \overset{n \text{ veces}}{\cdots} \times A$ se denota A^n ($n \geq 2$). Si A tiene m elementos entonces A^n posee m^n elementos.

2.3.2   Ejemplos (representación cartesiana)

(a) Sean $A = \{a, \ b, \ c\}$ y $B = \{1, \ 2\}$. Entonces

$$A \times B = \{(a, 1), \ (a, 2), \ (b, 1), \ (b, 2), \ (c, 1), \ (c, 2)\}$$

El producto $A \times B$ se puede representar gráficamente mediante un **diagrama cartesiano** en donde se observa que $A \times B$ tiene 6 elementos.

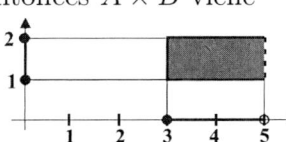

(b) El conjunto $\mathbb{R}^2 = \{(a,b) : a \in \mathbb{R}, \ b \in \mathbb{R}\}$ es el denominado plano (cartesiano). Análogamente $\mathbb{R}^3$ es el espacio.

(c) Si $A = [3,5[$ y $B = [1,2]$ son intervalos de $\mathbb{R}$ entonces $A \times B$ viene representado en $\mathbb{R}^2$ por el rectángulo $[3,5[\times[1,2]$ sombreado de la figura adjunta que no incluye el *lado* de la derecha.

2.4 APLICACIONES

2.4.1 Correspondencias

Se denomina **correspondencia** G de A (**conjunto inicial**) en B (**conjunto final**) a todo subconjunto de $A \times B$. También se dice que G es el grafo o gráfica de una correspondencia $f : A \to B$ donde f viene determinada por una expresión matemática o por un gráfico como muestra el siguiente ejemplo, en el que además introducimos conceptos relativos a las correspondencias.

Si *invertimos* los pares de G se obtiene la correspondencia (de B en A) denotada G^{-1} (ó $f^{-1} : B \to A$) y denominada **inversa** de G (o de f). Obviamente, G es la inversa de G^{-1}, i.e., $(G^{-1})^{-1} = G$.

2.4.2 Ejemplo

Sea $A = \{a,b,c\}$ y $B = \{1,2,3,4\}$. Entonces $G = \{(a,1),(a,2),(c,3)\}$ es una correspondencia de A en B.

También podemos decir que G es el grafo (gráfica) de la correspondencia $f : A \to B$ dada por $f(a) = \{1,2\}$, $f(c) = \{3\}$.

La correspondencia G también puede venir definida por cualquiera de los dos gráficos de la Figura 2.11 (denominados **diagrama cartesiano** y **diagrama sagital**), de interpretación obvia

Se dice que 3 es **imagen** de c o que c es **antiimagen** de 3. Las imágenes de a son $\{1,2\}$. El conjunto de todas las antiimágenes, que en nuestro caso es $\{a,c\}$, se denomina **dominio** de la correspondencia f (o G), y al conjunto de todas las imágenes, que en nuestro caso es $\{1,2,3\}$ se le denomina **imagen** (**recorrido** o **rango**) de la correspondencia, que denotaremos por Im f.

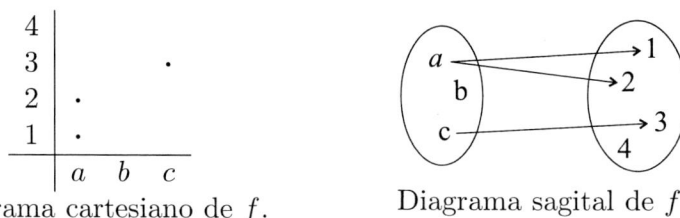

Diagrama cartesiano de f.   Diagrama sagital de f.

Figura 2.11: Diagrama cartesiano y diagrama sagital de una aplicación.

La correspondencia inversa de G es $G^{-1} = \{(1,a),(2,a),(3,c)\}$. En este caso, por ejemplo, se tiene $f^{-1}(3) = c$ (véase Figura 2.12).

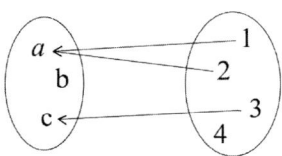

Diagrama sagital de f^{-1}.

Figura 2.12: Correspondencia inversa de G.

2.4.3 Sobre la gráfica de la correspondencia inversa

Atendiendo a la definición, las correspondencias de $\mathbb{R}$ en $\mathbb{R}$ son subconjuntos de $\mathbb{R}^2$, por esta razón frecuentemente se las identifica con gráficas en $\mathbb{R}^2$. En algunos casos, estas gráficas vienen definidas por ecuaciones $F(x,y) = 0$, que en ocasiones pueden adoptar la forma explícita $y = f(x)$.

Si $F(x,y) = 0$ determina G entonces la correspondencia inversa G^{-1} viene determinada por $F(y,x) = 0$, y obviamente las gráficas (si existen) en $\mathbb{R}^2$ de G y de G^{-1} son simétricas respecto la recta $y = x$ (bisectriz del primer y tercer cuadrante).

En efecto, el punto $(1,3)$ es el simétrico del $(3,1)$ respecto de la recta $y = x$, y ello es cierto para cualquier par de puntos (a,b) y (b,a) de $\mathbb{R}^2$. Véase la figura adjunta.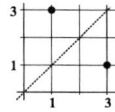

2.4.4 Ejemplo (Reencuentro del Álgebra y la Geometría)

En el plano $\mathbb{R}^2$ las gráficas de $y = x^2$ y de $x = y^2$ son simétricas respecto la recta bisectriz del primer y tercer cuadrante. La primera es una parábola vertical y la segunda una parábola horizontal (véase Figura 2.13 izquierda).

La gráfica de $y = x^2$ es la gráfica de la correspondencia $G = \{(x, y) \in \mathbb{R}^2 : y - x^2 = 0\}$. Obviamente $G = \{(x, y) \in \mathbb{R}^2 : y = x^2\} = \{(x, x^2) : x \in \mathbb{R}\}$. Por tanto, $G^{-1} = \{(x, y) \in \mathbb{R}^2 : x - y^2 = 0\}$ es la *parábola horizontal* $x = y^2$ (véase Figura 2.13 derecha).

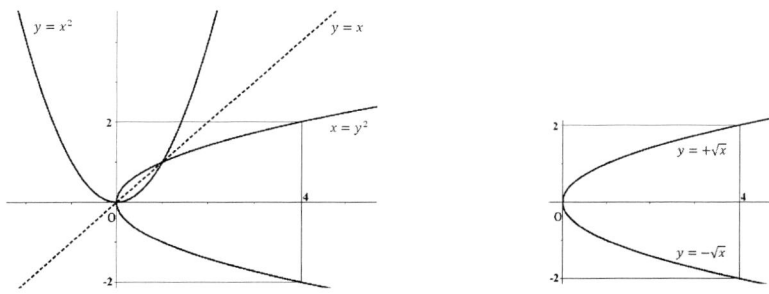

Figura 2.13: Gráficas de $y = x^2$ y $x = y^2$.

Obsérvese que G viene definida por la función $y = x^2$ mientras que G^{-1} viene definida por dos ramas o funciones (ver sección siguiente): $y = +\sqrt{x}$ e $y = -\sqrt{x}$, como se muestra en la Figura 2.13 derecha.

2.4.5 Aplicaciones

Una correspondencia $f : A \to B$ se dice que es una **aplicación** si cada elemento de A tiene una única imagen. En la práctica son interesantes las aplicaciones entre conjuntos numéricos denominadas **funciones** que se definen a través de expresiones matemáticas de la forma $y = f(x)$ en las cuales y es la imagen de x y x recibe el nombre de **variable independiente**. Si sólo se da la expresión $f(x)$ sin especificar explícitamente el conjunto inicial, se sobreentiende que el **dominio** (o **campo de existencia**) de f es el mayor conjunto de reales (o complejos) donde tenga sentido la expresión $f(x)$. Así, por ejemplo, el dominio de $f(x) = \frac{1}{x-2}$ es $\mathbb{R} - \{2\}$.

Una aplicación que resulta de especial interés es la **identidad** que se define desde cualquier conjunto (no vacío) A en sí mismo. Ésta se denotará por I_A, o por I cuando no haya posibilidad de confusión y está definida por $I(x) = x$ para cada $x \in A$. En el caso de la recta real se trata sencillamente de la función (lineal) $I(x) = x$, que solemos escribir $y = x$.

Si una función puede ser representada por una gráfica, entonces ésta, en algunos contextos, se usa como definición de la función. Las letras en una función son *mudas*, sólo interesa la relación entre ellas que es lo que define a la función. Así, $g(t) = t^2$, y $h(z) = z^2$ son la misma función en el plano, y cuya gráfica es una parábola.

2.4.6   Sucesiones

Se denomina **sucesión** (de números reales) a toda aplicación $f : \mathbb{N} \to \mathbb{R}$. Si escribimos $f(n) = a_n$, entonces la sucesión viene representada (caracterizada) por las imágenes ordenadas de f: $a_0, a_1, a_2, \ldots, a_n, \ldots$, y se dice que a_n es el término general de la sucesión $\{a_n\}_{n=1}^{\infty}$, o sencillamente $\{a_n\}$ si no hay posibilidad de confusión.

Una sucesión $\{a_n\}$ sólo está bien definida si se conoce (escribe) el término general a_n. No obstante, está ampliamente aceptado en contextos reconocidos, representar ciertas sucesiones, sin explicitar el término general. Así, por ejemplo $0, 1, 2, 3, \ldots$ representa la sucesión ordenada de los números naturales (sin necesidad de escribir $0, 1, 2, 3, \ldots, n, \ldots$), de igual forma que aceptamos que $\{0, 1, 2, 3, \ldots\}$ es el conjunto $\mathbb{N}$. Análogamente, $0, 2, 4, 6, \ldots$ representa la sucesión ordenada de los números pares.

Una supuesta sucesión, dada por un número finito de términos, no está definida y su ley de formación no es nunca única. Por ejemplo, la "sucesión" $\{a_n\}$ cuyos primeros términos son $1, 2, 3, \ldots$ puede dar lugar a la sucesión de los naturales sin el cero $\mathbb{N}^*$, a la sucesión constante $1, 2, 3, 3, 3, \ldots, 3, \ldots$ o a la sucesión de Fibonacci $1, 2, 3, 5, 8, \ldots$ donde $a_n = a_{n-1} + a_{n-2}$, para $n = 3, 4, \ldots$ siendo $a_1 = 1$ y $a_2 = 2$ (véase Sección 2.5.18.

El hecho que hemos puesto de manifiesto en el párrafo anterior, es utilizado en algunos *pasatiempos* donde se desea poner en evidencia la pericia o ignorancia del lector que debe *adivinar* el término que sigue a una sucesión finita dada. La respuesta, en ocasiones sorprendente, poco tiene que ver con el razonamiento matemático. Recuerde el lector que la matemática es una ciencia deductiva, no adivinatoria.

2.4.7   Clasificación de aplicaciones

Distinguimos los tres tipos siguientes de aplicación. Se dice que f es:

> **Inyectiva** si $x \neq y$ implica $f(x) \neq f(y)$, i.e., si elementos distintos tienen imágenes distintas o, equivalentemente, si $f(x) = f(y)$ implica $x = y$.
>
> **Suprayectiva** o **exhaustiva** si todo elemento del conjunto final posee antiimagen, i.e. $\operatorname{Im} f$, coincide con el conjunto final.
>
> **Biyectiva** (biyección) cuando es a la vez inyectiva y suprayectiva.

Los siguientes diagramas ilustran estos conceptos.

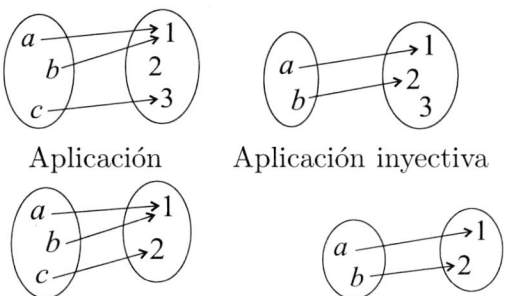

Aplicación   Aplicación inyectiva

Aplicación suprayectiva   Aplicación biyectiva

Las funciones reales que son estrictamente crecientes (o decrecientes) en todo su dominio son un buen ejemplo de aplicaciones inyectivas.

2.4.8 Ejemplo (La parábola)

(a) Sea la función $f : \mathbb{R} \to \mathbb{R}$ definida por $y = f(x) = x^2$. Esta función no es inyectiva, pues $f(2) = f(-2) = 4$, ni tampoco suprayectiva, pues -3 no tiene antiimagen (véase la Figura 2.14 izquierda).

(b) Sea la función $f : [0, +\infty[\to [0, +\infty[$ definida por $y = f(x) = x^2$ (como antes). Esta función es biyectiva (véase la Figura 2.14 derecha).

En (b) f es inyectiva pues de $f(x_1) = f(x_2)$ se concluye $x_1^2 = x_2^2$ y por tanto $x_1 = x_2$. Además, todo $y \geq 0$ posee antiimagen (única) $y = +\sqrt{x}$, por lo que f es suprayectiva.

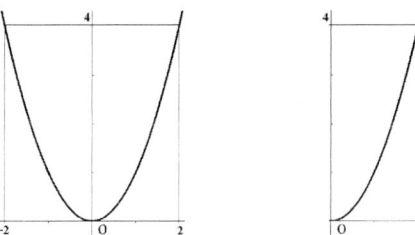

Figura 2.14: La parábola.

2.4.9 Inversa de una aplicación biyectiva

Si $f : A \to B$ es una aplicación, es obvio que la correspondencia inversa $f^{-1} : B \to A$ no tiene porqué ser aplicación como se observa en las gráficas de la Sección 2.4.7. De hecho, f^{-1} es aplicación (y además biyectiva) sii f es biyectiva (véase Problema P2.3). En tal caso, y como consecuencia del concepto de correspondencia inversa, se deduce que la aplicación inversa f^{-1} viene definida por $f^{-1}(y) = x$ sii $f(x) = y$.

El *comportamiento* de f^{-1} respecto f se esquematiza en la Figura 2.15 (el gráfico de la derecha se formalizará en la Sección 2.4.11):

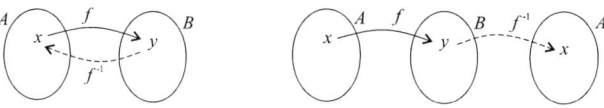

Figura 2.15: Aplicación inversa.

A menudo se habla de inversa de una función f sin verificar previamente que f es biyectiva. En tal caso se sobreentiende que el conjunto inicial y final de f se han elegido, o pueden elegirse, para que f sea biyectiva (como en el caso (b) del Ejemplo 2.4.8), o sencillamente se trata de la correspondencia inversa.

En la práctica la *inversa* f^{-1} de la función $y = f(x)$ se obtiene escribiendo x en función de (la variable) y ($x = f^{-1}(y)$). Si en la expresión $x = f^{-1}(y)$ intercambiamos x por y, entonces observaremos que la gráfica de f^{-1} es simétrica de f respecto la recta $y = x$ según la Nota 2.4.3.

2.4.10 Ejemplo (sobre la función inversa)

Se considera la función $y = x^2$ del apartado (b) del Ejemplo 2.4.8. Su *inversa* es $x = +\sqrt{y}$. Las gráficas de $y = x^2$ y de su inversa $y = +\sqrt{x}$ son las de la Figura 2.16.

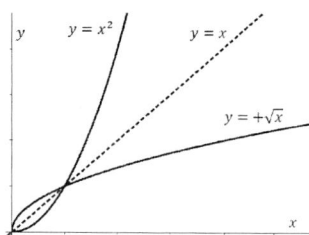

Figura 2.16: Aplicación inversa de $y = x^2$.

En el Ejemplo 2.4.12 (b) se formaliza que $f(x) = x^2$ y $g(x) = \sqrt{x}$ son la inversa una de la otra, i.e. $f^{-1} = g$, ó $g^{-1} = f$.

Saber que una función es la inversa de otra es importante para el estudio de funciones, pues del conocimiento de la gráfica de una de ellas, se obtiene el comportamiento de su inversa. Observe el lector las gráficas de las funciones e^x y $\ln x$ en la Figura 2.17.

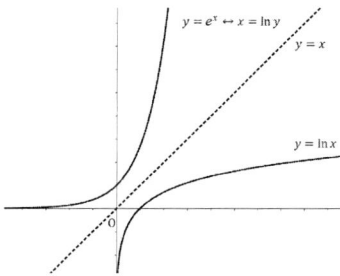

Figura 2.17: La función $y = e^x$ y su inversa $y = \ln x$.

2.4.11 Composición de aplicaciones. Caracterización de aplicación inversa

La mayoría de funciones que se manejan, pueden considerarse composición de otras, digamos *elementales*. Por otra parte, la composición de ciertas aplicaciones está relacionada con el producto de matrices, como se verá en su momento. Por ello es interesante tratar este aspecto.

Dadas las aplicaciones $f : A \to B$ y $g : B \to C$, se denomina **composición** de las aplicaciones g y f, y se denota por $g \circ f$, a la aplicación definida de la siguiente manera (véase Figura 2.18):

$$(g \circ f)(x) = g(f(x))$$

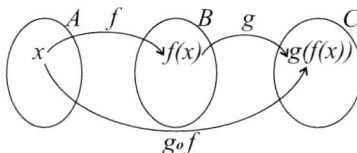

Figura 2.18: Composición de aplicaciones.

Es fácil observar (ver Figura 2.19) que f y g son la inversa una de la otra si y sólo si $g \circ f = I_A$ y $f \circ g = I_B$, lo cual constituye una definición alternativa de aplicación inversa (véase Problema P2.3).

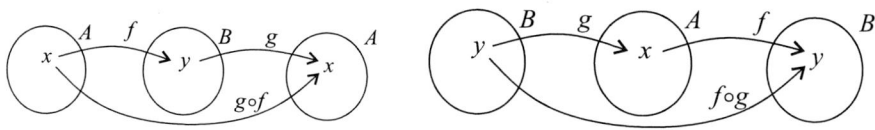

Figura 2.19: Aplicación inversa.

Se puede probar fácilmente que la composición de aplicaciones inyectivas (respec. suprayectivas) es inyectiva (respec. suprayectiva). En consecuencia, la composición de aplicaciones biyectivas es biyectiva (véase Ejercicio E2.10).

Es fácil verificar que la composición de aplicaciones es asociativa, lo cual permite *prescindir* del uso de paréntesis. Sin embargo, no es conmutativa (aunque tenga sentido) como se observa en el ejemplo (a) siguiente. (En Matemáticas queda probado que una propiedad no se satisface si se da un ejemplo elaborado a tal fin (**contraejemplo**) que la contradice).

Si denotamos $f^{1)} = f$, por *recurrencia* (véase Sección 2.5.18) se define, cuando tiene sentido, la composición n-ésima $f^{n)} = f^{n-1)} \circ f$ para $n = 2, 3, \ldots$

(**Nota.** Dado que la composición de aplicaciones es asociativa, la expresión $f^{n)} = \overset{n \text{ veces}}{f \circ \cdots \circ f}$ es correcta para $n = 2, 3, \ldots$; en la práctica, se le da validez para $n = 1$ aceptando que $f^{1)} = f$, lo que en definitiva no es más que asumir la definición por recurrencia).

2.4.12 Ejemplo (composición de funciones)

(a) Sean f y g las funciones definidas de $\mathbb{R}$ en $\mathbb{R}$ por $f(x) = x+1$ y $g(x) = x^3$, entonces por un lado se tiene que

$$(g \circ f)(x) = g(f(x)) = g(x+1) = (x+1)^3,$$

mientras que por otro lado

$$(f \circ g)(x) = f(g(x)) = f(x^3) = x^3 + 1,$$

por lo que $f \circ g \neq g \circ f$.

(b) Las aplicaciones f y g dadas por $f(x) = x^2$, y $g(x) = \sqrt{x}$ definidas de $[0, +\infty[$ a $[0, +\infty[$ son la inversa una de la otra pues

$$(g \circ f)(x) = g(f(x)) = g(x^2) = \sqrt{x^2} = x,$$

y también,

$$(f \circ g)(x) = f(g(x)) = f(\sqrt{x}) = (\sqrt{x})^2 = x.$$

2.5 CARDINALIDAD

2.5.1 Equipotencia

Dados dos conjuntos A y B, se dice que A es **equipotente** a B, y se denota por $A \approx B$, si existe una aplicación $f : A \to B$ biyectiva. En tal caso, también $B \approx A$, pues f^{-1} es biyectiva. (Véase el Problema P2.3), por lo que la equipotencia es una *relación simétrica*. Si dos conjuntos A y B son equipotentes diremos que tienen el mismo cardinal, lo que denotaremos por Cd A = Cd B.

2.5.2 Cardinal de un conjunto finito

Asignaremos al conjunto $\emptyset$ el cardinal 0, es decir Cd $\emptyset = 0$. Los conjuntos que tienen un solo elemento son obviamente equipotentes dos a dos, y se les asigna el cardinal 1. Los conjuntos que constan de dos elementos también son equipotentes dos a dos y se les asigna el cardinal 2. Procediendo de este modo (i.e., *agregando* cada vez un nuevo elemento) se constituye el conjunto de los **números naturales** $\mathbb{N} = \{0, 1, 2, 3, \dots, n, \dots\}$. Si Cd $A = n$ diremos que A es un **conjunto finito** de n elementos.

2.5.3 Conjuntos infinitos

Un **conjunto** A se dice **infinito** si puede establecerse una aplicación biyectiva entre A y un subconjunto propio de A.

2.5.4 Proposición (El conjunto $\mathbb{N}$ es infinito)

Demostración. Sea $f : N \to 2\mathbb{N}$ la aplicación dada por $f(n) = 2n$, donde $2\mathbb{N}$ designa el conjunto de los pares incluyendo el cero. Obviamente, $2\mathbb{N}$ es un subconjunto propio de $\mathbb{N}$. Veamos que f es biyectiva.

En efecto, f es inyectiva pues si $f(n) = f(m)$, con $n, m \in \mathbb{N}$, entonces $2n = 2m$ y por tanto $n = m$.

Veamos que f es suprayectiva: sea $y \in 2\mathbb{N}$.

Entonces $\exists n \in \mathbb{N}$ tal que $y = 2n$. Se tiene $f(n) = y$, y por tanto f es suprayectiva. $\square$

2.5.5 Conjuntos numerables

Diremos que el conjunto $\mathbb{N}$ y cualquiera que sea equipotente a $\mathbb{N}$, tiene cardinal $\aleph_0$ (aleph cero).

Si un conjunto infinito es equipotente a $\mathbb{N}$ se dice que tiene cardinal infinito numerable o cardinal $\aleph_0$. Un conjunto de cardinal finito o infinito numerable se denomina **numerable**.

Si un conjunto A es equipotente a $\mathbb{N}$ ello significa que existe una aplicación $g : \mathbb{N} \to A$ biyectiva. En consecuencia, si nombramos $g(i) = a_i$ para cada natural i, concluimos que cualquier conjunto infinito numerable se puede escribir como una sucesión $a_0, a_1, a_2, \ldots, a_n, \ldots$ y recíprocamente, toda sucesión es un conjunto numerable.

Empezar una sucesión por a_0 o a_1 suele ser más una cuestión estética que de rigor matemático (véase Secciones 2.5.7, Nota de 3.1.2 y 5.1.11).

2.5.6   Proposición (sobre adición de elementos)

La unión de un conjunto A con cardinal $\aleph_0$ y otro B con cardinal finito, tiene cardinal $\aleph_0$.

Demostración.

Supongamos que $A \cap B = \emptyset$. Pongamos $A = \{a_0, a_1, a_2, \ldots, a_n, \ldots\}$ y $B = \{b_0, b_1, \ldots, b_{k-1}\}$, para algún k natural. La aplicación $g : \mathbb{N} \to A \cup B$ dada por $g(0) = b_0, g(1) = b_1, \ldots, g(k-1) = b_{k-1}$ y $g(k+i) = a_i$ para $i = 0, 1, 2, \ldots$ es obviamente biyectiva.

En el caso de que $A \cap B$ no fuera vacío, bastaría excluir los elementos comunes en B, y el conjunto resultante $B - A$ tendría intersección vacía con A y, como $A \cup B = A \cup (B - A)$, por el párrafo anterior, $A \cup B$ sería equipotente a $\mathbb{N}$. $\qquad\square$

2.5.7   Proposición (sobre supresión de elementos)

Si a un conjunto infinito numerable A se le quita una cantidad finita de elementos, continúa siendo infinito numerable.

Demostración.

Supongamos que A es infinito y escribamos $A = \{a_0, a_1, a_2, \ldots, a_n, \ldots\}$. Sin pérdida de generalidad, podemos suponer que quitamos los k primeros elementos, y sea el conjunto resultante $B = \{a_k, a_{k+1}, a_{k+2}, \ldots, a_{k+i}, \ldots\}$.

La aplicación $g : \mathbb{N} \to B$ dada por $g(i) = a_{k+i}$ para $i = 0, 1, 2, 3, \ldots$ es obviamente biyectiva, por lo que B es infinito numerable. $\qquad\square$

2.5.8   La expresión "sin pérdida de generalidad"

La expresión "sin pérdida de generalidad" es muy utilizada en demostraciones matemáticas. Significa que, la suposición simplista hecha no evita la validez general de la prueba. En efecto, en este caso aunque quitáramos al azar k elementos de A, los restantes se pueden volver a nombrar en la forma $\{a_k, a_{k+1}, a_{k+2}, \dots, a_{k+i}, \dots\}$.

2.5.9 Corolario (comienzo de una sucesión)

Para cualquier número natural k, un conjunto numerable infinito se puede representar en la forma $\{a_k, a_{k+1}, a_{k+2}, \dots\}$.

2.5.10 Proposición (unión de conjuntos numerables)

La unión de dos conjuntos numerables infinitos, es numerable (infinito).

Demostración.

Veamos que $A \cup B$ es numerable cuando A y B son numerables infinitos. Distinguimos dos posibilidades:

(a) Supongamos que $A \cap B = \emptyset$.

Pongamos $A = \{a_0, a_1, a_2, \dots, a_n, \dots\}$ y $B = \{b_1, b_2, b_3, \dots, b_n, \dots\}$. Definamos $g(2n) = a_n$, para $n = 0, 1, 2, 3, \dots$ y $g(2n - 1) = b_n$, para $n = 1, 2, \dots$. Obviamente, la función definida $g : \mathbb{N} \to A \cup B$ es biyectiva.

(b) Supongamos $A \cap B \neq \emptyset$. Podrían darse dos casos:

Primer caso. $A - B$ es finito. Como $A \cup B = (A - B) \cup B$, entonces $A \cup B$ es la unión del conjunto finito $A - B$ con el infinito numerable B, y por la Proposición 2.5.6 $A \cup B$ es infinito numerable.

Segundo caso. $A - B$ es infinito. Entonces como $A \cup B = (A - B) \cup B$, y los conjuntos $A - B$ y B son disjuntos, por el párrafo (a), $A \cup B$ es infinito numerable.

$\square$

2.5.11 Corolario (numerabilidad de $\mathbb{Z}$)

$\mathbb{Z}$ es numerable (infinito)

Demostración.

Es trivial, pues $\mathbb{Z} = \mathbb{N} \cup -\mathbb{N}$, donde $-\mathbb{N} = \{-1, -2, \dots, -n, \dots\}$ $\square$

2.5.12   Proposición (numerabilidad de $\mathbb{Q}$)

$\mathbb{Q}$ es numerable.

Demostración.

Podemos disponer todos los racionales positivos en una matriz (infinita) de manera que en la primera fila se colocan todos los racionales con denominador 1, en la segunda fila se colocan todos los racionales con denominador 2 y así sucesivamente, como se indica en la Figura 2.20.

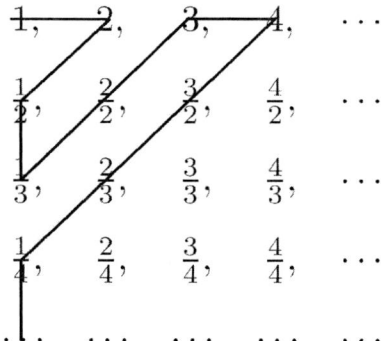

Figura 2.20: $\mathbb{Q}$ es numerable.

Si en la anterior disposición, escribimos todos los números en el orden que indica la línea superpuesta (descartando los números que ya hayan aparecido con anterioridad) conseguimos la siguiente sucesión:

$$1, 2, \frac{1}{2}, \frac{1}{3}, 3, 4, \frac{3}{2}, \frac{2}{3}, \frac{1}{4}, \dots$$

En la anterior sucesión se tiene que cada número racional aparece (y solamente lo hace una vez) por lo que los racionales positivos se han establecido de modo que pueden enumerarse.

Análogamente, se tiene que los racionales negativos también son numerables y, en consecuencia, por la Proposición 2.5.10, el conjunto de los números racionales es numerable.   □

Observación. El hecho de que se eliminen los elementos repetidos en la demostración anterior no es necesario para concluir la numerabilidad de $\mathbb{Q}$. El hecho es que cuando se dice que los elementos de un conjunto A se escriben en forma de sucesión $\{a_n\}$, se admite implícitamente que el conjunto A queda dotado de un orden, en el sentido de la Sección 4.1.6, que establece el índice n. Esta suposición dejaría de ser cierta porque en un conjunto no puede haber elementos repetidos.

2.5.13 Teorema (existencia de conjuntos no numerables)

El intervalo $]0,1[$ es no numerable.

Demostración (Por reducción al absurdo)

Supongamos que $]0,1[$ es numerable y que por tanto lo podemos escribir en forma de sucesión $\{a_1, a_2, a_3, \ldots, a_n, \ldots\}$. Cualquier real x en $]0,1[$ se puede escribir en forma decimal como $x = x_1 x_2 x_3 \ldots$ donde x_i son dígitos entre 0 y 9. Los números decimales exactos se escribirán con colas de infinitos nueves. Por ejemplo 0.37 se escribirá $0.3699\ldots$

Representemos, como hemos indicado, todos los decimales de $]0,1[$ ordenados:

$$\begin{aligned} a_1 &= 0.a_{11}a_{12}a_{13}\ldots \\ a_2 &= 0.a_{21}a_{22}a_{23}\ldots \\ a_3 &= 0.a_{31}a_{32}a_{33}\ldots \\ &\vdots \\ a_n &= 0.a_{n1}a_{n2}a_{n3}\ldots \end{aligned}$$

El decimal $a = 0.b_1 b_2 b_3 \ldots$ donde cada b_i es distinto de 0, de 9 y de a_{ii}, es un decimal de $]0,1[$, y por construcción no coincide con ningún a_i. Absurdo. $\qquad\square$

2.5.14 La diagonal de Cantor

El lector observará que los coeficientes a_{ii} constituyen una diagonal del esquema en que se han dispuesto los elementos a_n y, por tal motivo, este método se conoce como *la diagonal de Cantor*. Este método ha inspirado demostraciones en distintos contextos que llevan su nombre.

2.5.15 Teorema ($\mathbb{R}$ es equipotente a $]0,1[$)

El conjunto $\mathbb{R}$ de los números reales es equipotente al intervalo $]0,1[$.

Demostración.

La aplicación $g :]-\frac{\pi}{2}, \frac{\pi}{2}[\to \mathbb{R}$ definida por $g(x) = \tan x$, es una aplicación estrictamente creciente sobre $]-\frac{\pi}{2}, \frac{\pi}{2}[$, por lo que es inyectiva (véase la Figura 2.21). Además, del comportamiento local de g en el entorno de $-\frac{\pi}{2}$ y $\frac{\pi}{2}$, por ser f continua, cualquier $y \in \mathbb{R}$ tiene antiimagen en $]-\frac{\pi}{2}, \frac{\pi}{2}[$, conocida como $\arctan x$, por lo que g es suprayectiva y en consecuencia g es biyectiva y por tanto $\mathbb{R}$ es equipotente al intervalo $]-\frac{\pi}{2}, \frac{\pi}{2}[$ y en consecuencia, por el Ejercicio E2.11, $\mathbb{R}$ es equipotente a cualquier intervalo abierto de la recta real, y en particular $\mathbb{R}$ es equipotente a $]0,1[$. $\qquad\square$

Al cardinal de $\mathbb{R}$ se le denomina cardinal del continuo y se le denota $\mathbf{c}$.

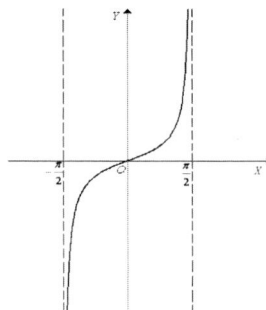

Figura 2.21: Gráfica de la función $\tan x$.

Nota. El lector puede obtener por métodos algebraicos que $\mathbb{R}$ es equipotente a $]-1,1[$ (y por tanto a cualquier intervalo abierto) siguiendo los pasos del Problema P2.4.

2.5.16　Corolario ($\mathbb{R} - \mathbb{Q}$ no es numerable)

El conjunto $\mathbb{I}$ de los irracionales, es no numerable.

Demostración.

Por reducción al absurdo. Si el conjunto $\mathbb{I}$ de los irracionales fuera numerable, entonces por la Proposición 2.5.10 $\mathbb{R}$ sería numerable, puesto que $\mathbb{R} = \mathbb{Q} \cup \mathbb{I}$. Absurdo.　　　　　　　　　　　　　　□

2.5.17　Teorema de incompletitud de Gödel

En el año 1931 K. Gödel con su *teorema de incompletitud*, demostró que cualquier sistema axiomático que permita desarrollar la Aritmética, ha de ser necesariamente incompleto, i.e., ha de existir una proposición enunciada en términos del sistema axiomático que es *indecidible*, o sea no se puede probar que sea cierta ni falsa. En el año 1963 P. Cohen demostró que la *hipótesis del continuo* (no existe ningún cardinal entre $\aleph_0$ y el cardinal **c** del continuo), es indecidible.

2.5.18　Recurrencia, inducción y recursividad

Hemos dicho que una sucesión se conoce (está definida) cuando conocemos la expresión del término general (conocido como término n-ésimo), en función del orden n que ocupa en la sucesión. Así, la sucesión $\{2n + 1\}$ es aquélla cuyo término general a_n (definido de manera explícita) es $2n + 1$, por lo que el primer término (empezando con $n = 1$) es $a_1 = 3$, el segundo es $a_2 = 5$, $a_3 = 7$, y, por ejemplo, $a_{10} = 21$. Esta sucesión $\{a_n\}$ también tiene como término general $a_n = 3 + (n-1) \cdot 2$ para $n = 1, 2, \ldots$

Otra manera de definir una sucesión es por *recurrencia* (en Matemáticas, en algunos contextos, se la denomina definición por inducción). Este tipo de definición se da cuando a partir de unas *condiciones iniciales*, se dice cuál va a ser el siguiente término de la sucesión, partiendo del anterior. A modo de ejemplo, recordemos que una **progresión aritmética** (PA) de razón r, es una sucesión donde cada elemento se obtiene del anterior sumando una cantidad constante r, denominada razón de la PA. Así, por ejemplo, si partimos de $a_1 = 3$, podemos definir la anterior sucesión por recurrencia, donde cada elemento de la sucesión a partir del primero viene dado por $a_n = a_{n-1} + 2$, para $n = 2, 3, \ldots$

En principio, para poder calcular el término, digamos a_4, sería necesario calcular previamente los términos a_2 y a_3, obteniendo $a_2 = a_1 + 2 = 3 + 2 = 5$, $a_3 = a_2 + 2 = 5 + 2 = 7$, y finalmente $a_4 = a_3 + 2 = 9$.

Ahora bien si escribimos $a_4 = a_3 + 2 = (a_2 + 2) + 2 = a_2 + 2 + 2 = (a_1 + 2) + 2 + 2$, podemos concluir que $a_4 = a_1 + 3 \cdot 2$, donde 3 es el número de pasos consecutivos desde a_1 hasta llegar a a_4, es decir, podemos intuir que el término general se puede dar a conocer de manera explícita, en función de su valor inicial a_1 y su posición n-ésima en la sucesión. Realmente es así, pero la diferencia del método radica en que en el primer párrafo se ha dado por definición el término general a_n y en este caso lo hemos intuido, de unos pocos casos. Para probar que la intuición es cierta, y darle validez a la expresión explícita, habrá que hacer una demostración por inducción, como la que sigue, que la presentamos para cualquier PA.

Sea la sucesión $\{a_n\}$ construida a partir de a_1 y definida por recurrencia en la forma $a_n = a_{n-1} + r$ para $n = 2, 3, \ldots$ Pretendemos encontrar una expresión explícita del término general a_n en función del primer término a_1 y de su posición n-ésima n.

Los primeros términos de la sucesión definida de manera recurrente son:

$$
\begin{aligned}
a_2 &= a_1 + r \\
a_3 &= a_2 + r = (a_1 + r) + r = a_1 + 2r \\
a_4 &= a_3 + r = a_1 + 2r + r = a_1 + 3r
\end{aligned}
$$

y formulamos la hipótesis de inducción: $a_n = a_1 + (n-1) \cdot r$. Veamos que la expresión de a_n se cumple para a_{n+1}. En efecto, utilizando la definición de a_n y después la hipótesis de inducción, se tiene $a_{n+1} = a_n + r = a_1 + (n-1) \cdot r + r = a_1 + n \cdot r$.

Otra sucesión muy interesante que ya hemos mencionado, definida por recurrencia (con dos valores iniciales), es la *sucesión de Fibonacci* (que también se puede definir como sigue): $a_1 = 1, a_2 = 1, a_{n+2} = a_{n+1} + a_n$ para $n = 3, 4, \ldots$ Por tanto sus primeros términos son: $1, 1, 2, 3, 5, 8, \ldots$

Se conoce una fórmula explícita para el cálculo del término general a_n de la sucesión de Fibonacci (que se valida por el método de inducción), que involucra al número áureo.

Finalmente, hagamos notar que en Computación se utiliza la denominada *recursividad*, que no es más que el método de recurrencia, pero donde una función E se construye sobre sí misma (que actúa, a su vez, de variable), según la pretendida finalidad de la función y atendiendo a la sintaxis del lenguaje de programación que se utiliza. Así, por ejemplo, en Computación se puede escribir $E = E + 1$, cuyo significado es que el nuevo valor de la función E será el que tenía en memoria anteriormente como variable E, al cual se le suma ahora una unidad. Si partimos de $E = 0$, entonces con la función E se estaría creando la sucesión de los naturales: $1, 2, 3, \ldots$ Estas funciones generalmente vienen regidas por sentencias que evitan entrar en bucles, y también para forzar la parada del programa.

2.5.19 Ejemplo (recurrencia e inducción)

Retomamos el Ejemplo 1.2.8 (c). En primer lugar debemos hacer constar que la validez de la expresión $S(n) = 2 + 4 + \cdots + 2n$, ya ha sido comentada y que el hecho de que sea a partir de $n = 1$ o $n = 2$, no tiene interés alguno, desde el punto de vista matemático. No obstante, su interpretación como suma de n sumandos tropieza con la interpretación del significado de suma, para $n = 1$, y esta situación aparece a menudo en matemáticas, en otros contextos. Para satisfacer al lector exigente, trataremos de dar validez a $S(n)$ para $n = 1$, como se puede encontrar en la literatura divulgativa (donde no se cuestiona el aspecto semántico), de tres maneras distintas.

(a) A partir del concepto de definición por recurrencia.

Definamos por recurrencia (por inducción sobre n) $S(1) = 2$, y $S(n) = S(n-1) + 2n$, para $n = 2, 3, \ldots$ De esta manera se tiene

$$
\begin{aligned}
S(1) &= 2 \\
S(2) &= S(1) + 2 \cdot 2 = 2 + 2 \cdot 2 = 2 + 4 \\
S(3) &= S(2) + 2 \cdot 3 = 2 + 4 + 6
\end{aligned}
$$

y continuando así, de manera sucesiva, se observa la expresión explícita conceptual

$$
S(n) = 2 + 4 + 6 + \cdots + 2n
$$

(Es necesario recalcar que en este caso la anterior expresión explícita no ha sido dada por definición, sino que la hemos intuido a través de la observación de un número finito de valores de $S(n)$: $S(1)$, $S(2)$, $S(3)$ obtenidos del método recurrente, por lo que se hace necesario dar una demostración formal de $S(n)$. Así pues, la expresión $S(n)$ se constituye en Hipótesis de Inducción. Validémosla por inducción: Obviamente $S(n)$ es cierta para $n = 1$, y además por recurrencia se tiene $S(n+1) = S(n) + 2(n+1) = 2 + 4 + \cdots + 2n + 2n + 2$).

Vamos a demostrar, por inducción, que la suma $S(n) = 2 + 4 + \cdots + 2n$ viene dada (Hipótesis de Inducción) por

$$S(n) = n(n+1), \text{ para } n = 1, 2, \ldots \tag{2.1}$$

En efecto, conceptualmente el valor de $S(n)$ para $n = 1$ es $S(1) = 2$ y por otra parte la expresión (2.1) se traduce en $S(1) = 1 \cdot 2 = 2$, por lo que (2.1) es cierto para $n = 1$. Aceptemos pues la Hipótesis de Inducción (2.1) y probemos que (2.1) se verifica para $n + 1$:

Por definición conceptual se tiene que $S(n+1) = 2 + 4 + \cdots + 2n + (2n+2) = S(n) + (2n+2) = n(n+1) + (2n+2)$, usando la hipótesis de inducción, y por tanto $S(n+1) = n(n+1) + 2(n+1) = (n+1)(n+2)$.

Deseamos destacar que en este caso el método de inducción es aplicable a partir de $n = 1$, porque el valor $S(1)$ está definido (tiene sentido).

En la literatura divulgativa, sencillamente se acepta que $S(n)$ tiene sentido para $n = 1$, y se asume que $S(1) = 2$ (aunque no exista suma de un sumando). La corrección del método se basa en que, de manera implícita, se asume que la manera con que se define $S(n)$ a partir de $S(n-1)$ es el mismo por el que se define $S(2)$ a partir de $S(1)$, que en definitiva es el método de recurrencia.

(b) Definición alternativa.

Pongamos $S(n) = 0 + 2 + 4 + \cdots + 2n$, para $n = 1, 2, 3, \ldots$ (obsérvese que en la posición n-ésima está el par $2n$).

Con ello, conceptualmente se tiene $S(1) = 0 + 2 = 2$, lo cual tiene sentido y, por otra parte, la expresión $S(n) = n \cdot (n+1)$ se convierte en $S(1) = 1 \cdot 2 = 2$, y por tanto (2.1) es cierta para $n = 1$. El lector ya puede completar, como antes, la prueba por inducción.

(c) En base a una expresión ya demostrada.

En el ejercicio E1.14 (b) se pide que se demuestre por inducción que $S_1(n) = 1 + 2 + \cdots + n = \frac{(1+n) \cdot n}{2}$, para $n = 1, 2, 3, \ldots$ Este resultado, una vez demostrado, permite escribir:

$$S(n) = 2 + 4 + 6 + \cdots + 2n = 2 \cdot (1 + 2 + 3 + \cdots + n) =$$
$$= 2 \cdot S_1(n) = \frac{2 \cdot (1 + n) \cdot n}{2} = n \cdot (n + 1)$$

por lo que la prueba queda concluida.   □

2.6   EJERCICIOS PROPUESTOS

E2.1 (a) Demuéstrese que $A - (A \cap B) = A - B$, dando una prueba conjuntista (i.e. demostrando la doble inclusión) y otra prueba usando las propiedades del álgebra de Boole y el concepto de diferencia de conjuntos.

(b) Utilícese las propiedades del álgebra de Boole para simplificar la expresión $(A \cup B^c)^c \cap A$.

E2.2 Demuéstrese que $\bigcup_{n=1}^{\infty} [-n, n] = \mathbb{R}$.

(Nota. Se dice que la familia $\{[-n, n] : n \in \mathbb{N}\}$ es un cubrimiento de $\mathbb{R}$).

E2.3 Demuéstrese que:

(a) $\bigcap_{n=1}^{\infty} [0, \frac{1}{n}] = \{0\}$ (Utilícese la propiedad arquimediana de $\mathbb{R}$. Véase Sección 3.1.1).

(b) $\bigcap_{n=1}^{\infty}]0, \frac{1}{n}] = \emptyset$ (Ayúdese del apartado (a))

E2.4 Tomemos como referencial el conjunto $E = \{1, 2, 3, 4, 5, 6, 7, 8, 9\}$. Sean las funciones proposicionales $p(x)$: "x es múltiplo de 2", $q(x)$: "x es múltiplo de 3", $r(x)$: "x es múltiplo de 5". Sean P, Q y R los conjuntos definidos por p, q y r, respectivamente.

(a) Escríbanse los conjuntos P, Q y R, por extensión (explicitando sus elementos).

(b) Hállese P^c, Q^c y R^c.

(c) Hállese $P \cup Q$ y $Q \cup R$.

(d) Hállese $P \cap Q$ y $Q \cap R$.

(e) Hállese $P - Q$ y $Q - R$.

(f) Escríbanse las funciones proposicionales a que dan lugar $P \cup Q$, $P \cap Q$ y $P - Q$.

E2.5 Demuéstrese, mediante las propiedades del álgebra de Boole y el concepto de diferencia de conjuntos, que

(a) $A \cup B = (A - B) \cup B$.

(b) $\{A - B, B\}$ es una partición de $A \cup B$.

E2.6 Demuéstrese que la familia de conjuntos A_i, $i = 1, 2, \ldots$, dada por $A_1 = \{-1, 0, 1\}$, $A_i = \{-i, i\}$ para $i = 2, 3, \ldots$ constituye una partición de $\mathbb{Z}$.

E2.7 Pruébese por inducción la ley de De Morgan Generalizada $(A_1 \cup A_2 \cup \cdots \cup A_n)^c = A_1^c \cap A_2^c \cap \cdots \cap A_n^c$, para $n = 2, 3, \ldots$

E2.8 Sea la correspondencia $f : \mathbb{R} \to \mathbb{R}$ definida por $f(x) = x + 1$. Demuéstrese que:

(a) f es una aplicación.

(b) f es biyectiva.

Además,

(c) Hállese la aplicación inversa f^{-1}.

(d) Hállese la composición n-ésima $f^{n)}$ de f. (Hágase una prueba por inducción).

E2.9 Se considera la función $f(x) = \dfrac{1}{x^2 - 1}$, definida en $\mathbb{R}$.

(a) Dígase cuál es el dominio (campo de existencia) de f.

(b) Demuéstrese que f no es inyectiva.

(c) Encuentra el conjunto $Im(f)$.

E2.10 Sean $f : A \to B$ y $g : B \to C$ dos aplicaciones biyectivas. Demuéstrese que la aplicación compuesta $g \circ f : A \to C$ es también biyectiva (Sugerencia: Demuéstrese que la composición de aplicaciones inyectivas es inyectiva y que la composición de aplicaciones suprayectivas es suprayectiva).

E2.11 Sea la aplicación $f : [0, 1] \to [a, b]$ dada por $f(x) = a + (b - a)x$. Demuéstrese que

(a) f es biyectiva.

(b) Todos los intervalos cerrados finitos de $\mathbb{R}$ son equipotentes.

(c) Todos los intervalos abiertos finitos de $\mathbb{R}$ son equipotentes.

E2.12 Sean los conjuntos $A = \{a, b\} \cup \mathbb{N}$ y $B = \{m, n, p\} \cup \mathbb{N}$. Supongamos que los cinco elementos a, b, m, n, p no son números naturales. Establézcase una aplicación biyectiva $f : A \to B$ para demostrar que A y B tienen el mismo cardinal.

E2.13 (**Demostración geométrica**)

Consideremos dos segmentos $\overline{AB}$ y $\overline{A'B'}$ del plano $\mathbb{R}^2$, de distinta longitud, situados como indica la Figura 2.22. La recta que pasa por A y A' se corta necesariamente con la recta que pasa por B y B', en un punto O del plano. Dese una prueba de que los segmentos $\overline{AB}$ y $\overline{A'B'}$ son conjuntos equipotentes.

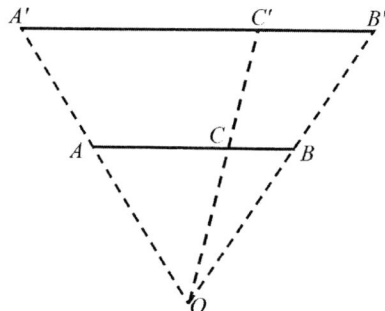

Figura 2.22: Segmentos equipotentes.

E2.14 (**Paradoja conjuntista de B. Russell**)

Sea W el conjunto formado por aquellos conjuntos C que se caracterizan porque no son elementos del propio conjunto, i.e., $W = \{C : C \notin C\}$. ¿Es W un conjunto de W?

2.7 PROBLEMAS PROPUESTOS

P2.1 Se considera el intervalo de la recta real $I = [a, b]$, con $a < b$. Se llama centro c del intervalo I al punto $c = \dfrac{a+b}{2}$.

(a) Demuéstrese que c equidista de los extremos a y b del intervalo. A esta distancia se la denomina radio r del intervalo. Escríbase I en función de c y de r.

(b) Demuéstrese que $\{x \in \mathbb{R} : |x - c| \leq r\}$ es el intervalo cerrado de centro c y radio r.

(c) Demuéstrese que $\{x \in \mathbb{R} : |x + c| \leq r\}$ es el intervalo cerrado de centro $-c$ y radio r.

Nota.- El lector puede reescribir los enunciados cuando se tiene un intervalo abierto, reemplazando $\leq$ por $<$.

P2.2 Sea $f : [a, b] \to [c, d]$, una función estrictamente creciente, del intervalo real $[a, b]$ en el intervalo real $[c, d]$, de manera que $f(a) = c$ y $f(b) = d$ (f se dice estrictamente creciente sobre el intervalo $[a, b]$ si para $x < y$ se tiene $f(x) < f(y)$, siendo $x, y \in [a, b]$.

(a) Demuéstrese que f es una aplicación inyectiva.

(b) Demuéstrese que si, además, f es continua, entonces f es suprayectiva, y por tanto f es biyectiva. (En este capítulo, y de manera burda, admitiremos que f es continua si se puede dibujar de un solo trazo, sin levantar el lápiz del papel).

(c) Demuéstrese que si f no es continua, entonces f no es necesariamente suprayectiva (Sugerencia: Búsquese un contraejemplo).

(d) Demuéstrese que si la aplicación f del enunciado es continua y la restringimos al intervalo $]a, b[$, entonces la nueva aplicación $g :]a, b[\to]c, d[$, definida por $g(x) = f(x)$ para $x \in]a, b[$, sigue siendo biyectiva.

(e) Reescriba el lector resultados similares para f cuando sea estrictamente decreciente sobre $[a, b]$.

P2.3 Sea $f : A \to B$ una aplicación. Demuéstrese que:

(a) f es biyectiva sii f^{-1} es una aplicación (y en este caso, f^{-1} es también biyectiva).

(b) La aplicaciópn $g : B \to A$ es la inversa de f sii $g \circ f = I_A$ y $f \circ g = I_B$.

P2.4 Sea la función $f :] - 1, 0[\to]0, +\infty[$ definida por $f(x) = \dfrac{-x}{1 - x}$ y sea la función $g :]0, 1[\to] - \infty, 0[$ definida por $g(x) = \dfrac{x}{x - 1}$. Se define la función $h : \mathbb{R} \to \mathbb{R}$ de manera que $h(x) = f(x)$ para $x \in] - 1, 0[$, $h(x) = g(x)$ para $x \in]0, 1[$ y $h(0) = 0$. La función h se dice que está *definida a trozos* y se representa

$$h(x) = \begin{cases} \dfrac{-x}{1 - x} & \text{si } x \in] - 1, 0[\\[2mm] 0 & \text{si } x = 0 \\[2mm] \dfrac{x}{x - 1} & \text{si } x \in]0, 1[\end{cases}$$

Demuéstrese:

(a) f es biyectiva.

(b) g es biyectiva.

(c) h es biyectiva. (En consecuencia, $] - 1, 1[$ y $\mathbb{R}$ tienen el mismo cardinal $\mathbf{c}$).

Capítulo 3

ESTRUCTURAS ALGEBRAICAS

Este capítulo está dedicado a algunas estructuras algebraicas que se encuentran en Enseñanza Secundaria. La mayoría de los ejemplos con que ilustraremos las estructuras algebraicas se fundamentan sobre conjuntos numéricos, principalmente sobre el conjunto $\mathbb{R}$ de los números reales. Por esta razón vamos a introducir el cuerpo $\mathbb{R}$, aunque en este texto ya hemos hecho uso de su existencia y de algunas propiedades conocidas por el lector, para enriquecer el contenido del Capítulo 2.

Existen varias teorías conjuntistas, con las que se pueden definir el conjunto de los números reales, pero a pesar del interés teórico o histórico que puedan tener, no traerían beneficio al propósito de este capítulo. Por ese motivo, introduciremos el conjunto de los reales, como suele hacerse en el Análisis Matemático, a través de unas propiedades básicas que lo caracterizan, que tomaremos como axiomas, y de los que se pueden deducir todas las restantes propiedades y conceptos relativos a los reales, que el lector conoce. Por otra parte, aunque al lector le parezca sencillo definir el concepto de número natural, debe saber que el gran lógico matemático G. Frege dedicó parte de su vida a dar un concepto satisfactorio de número natural [10], sin conseguirlo, como él admitía a finales de su vida. Nosotros optamos aquí, por dar a conocer la teoría axiomática de Peano con que se construye el conjunto $\mathbb{N}$ de los números naturales. Más evidente parece la construcción del conjunto de los enteros $\mathbb{Z}$ a partir de $\mathbb{N}$, y la construcción del conjunto de los racionales $\mathbb{Q}$ a partir de $\mathbb{Z}$. Sin embargo, la existencia de números no conmensurables, como se nombraba en épocas pasadas a los números irracionales, no parece tan evidente. De hecho, los pitagóricos ignoraban, en un principio, su existencia. Nosotros veremos en el Problema P3.2 que $\sqrt{2}$ es un número irracional.

Desde la aparición de la teoría de conjuntos, se ha visto que ciertos elementos de matemáticas siguen unos patrones que se repiten en diversas partes de la matemática. Esos patrones son denominados estructuras. Reconocer una estructura es de gran interés, pues cuando se desarrolla ésta de manera abstracta, se llegan a consecuencias que son comunes a todos los campos donde aparece dicha estructura. Hablando con mayor precisión, una estructura algebraica abstracta es una familia de conjuntos y una familia de aplicaciones (elementos de la estructura), definidas sobre estos conjuntos arbitrarios, que cumplen ciertos axiomas, y que reciben variados nombres según los axiomas que satisfacen los elementos de la estructura. Así, la estructura algebraica abstracta más sencilla es la formada por un conjunto arbitrario G no vacío y una aplicación $f : G \times G \to G$, llamada ley de composición interna, que deriva en lo que denominaremos "operación" $*$ en G, verificando un axioma (que se establece sobre f). Uno de los axiomas más recurrente, cuando tiene sentido, suele ser la asociatividad de la operación $*$. Cuando concretamos los conjuntos y las "operaciones" en cierto contexto, que verifican los axiomas de una determinada estructura algebraica abstracta, entonces recibe la denominación correspondiente, sin el calificativo de abstracta. El interés de las estructuras algebraicas abstractas radica en que las propiedades que se demuestran en el contexto abstracto son válidas para todas las estructuras particulares del mismo nombre, con el consiguiente ahorro de esfuerzo, al no tener necesidad de volver a demostrar los resultados, en cada uno de los distintos contextos, de la misma estructura. A modo de ejemplo, recordemos que en el Capítulo 1 estudiamos algunas propiedades del álgebra de Boole de las proposiciones, y en el Capítulo 2 mostramos también algunas propiedades del álgebra de Boole de la teoría de conjuntos. Si se hubiera presentado la estructura algebraica abstracta del álgebra de Boole (véase problema P3.6, cuyos axiomas son en definitiva las propiedades de la Sección 1.1.19 o 2.1.7 y se hubieran deducido sus propiedades posteriores como consecuencia de los axiomas del álgebra de Boole abstracta, entonces las demostraciones de propiedades que se demuestran por medio de las tablas de verdad (Sección 1.1.21) o por métodos conjuntistas (final de la Sección 2.1.7), de los capítulos 1 y 2, respectivamente, hubieran sido innecesarias.

Entre estructuras algebraicas del mismo tipo nos podemos encontrar con algunas que podemos considerar "la misma" y que solo difieren en la notación. Esas estructuras, se denominan isomorfas. Dado que el conocimiento de una de ellas implica el conocimiento de las que son isomorfas, trabajar con la que nos resulte más simple supone un ahorro de esfuerzo considerable para el estudio de las que son isomorfas. En este capítulo veremos algunas de las estructuras algebraicas abstractas más simples y frecuentes no sólo en matemática superior, sino en la Enseñanza Secundaria. Estas estructuras son: grupo, anillo, cuerpo y espacio vectorial. Dichas estructuras tendrán su concreción sobre conjuntos numéricos, básicamente. Acorde con ello, en vez de utilizar notaciones abstractas como $*, \diamond, \perp, \ldots$ utilizaremos, como es habitual hoy en día, notación aditiva y notación de producto, que tendrán significado distinto según el contexto y que será especificado en cada caso.

La estructura del capítulo es como sigue. En la Sección 3.1 introducimos los conjuntos numéricos. En el Sección 3.2 introducimos la estructura de grupo. En la Sección 3.3 se introduce la estructura de anillo. En la Sección 3.4 se introduce la estructura de cuerpo y finalmente en la Sección 3.5 se introduce la estructura de espacio vectorial.

3.1 CONJUNTOS NUMÉRICOS

Vamos a dar los axiomas en que modernamente se fundamenta la teoría de los números reales. Los conceptos en cursiva serán precisados más tarde.

3.1.1 Los números reales

El *cuerpo* de los números reales es un conjunto $\mathbb{R}$ en el que están definidas dos *operaciones*, que son la suma, denotada $+$, y el producto que se denota con un punto (o sin él, cuando *actúa* sobre letras) y una *relación de orden* escrita $\leq$ entre los elementos de $\mathbb{R}$, que satisfacen cuatro grupos de axiomas:

(I) $\mathbb{R}$ es un cuerpo, es decir:

(I.1) $x + (y + z) = (x + y) + z$ (La suma $+$ es asociativa)

(1.2) $x + y = y + x$ (La suma $+$ es conmutativa)

(I.3) Existe un elemento $0 \in \mathbb{R}$ tal que $0 + x = x$ para cada $x \in \mathbb{R}$ (0 es elemento *neutro* de la suma)

(I.4) Para cada elemento $x \in \mathbb{R}$, existe un elemento $-x \in \mathbb{R}$ tal que $x + (-x) = 0$ (todo elemento tiene *opuesto*)

(I.5) $x \cdot (y \cdot z) = (x \cdot y) \cdot z$ (El producto es asociativo)

(I.6) $x \cdot y = y \cdot x$ (El producto es conmutativo)

(I.7) Existe un elemento $1 \neq 0$ en $\mathbb{R}$ tal que $1 \cdot x = x$ para cada $x \in \mathbb{R}$ (1 es elemento neutro para el producto)

(I.8) Para cada elemento $x \neq 0$ existe un elemento $x^{-1} \in \mathbb{R}$ (escrito también $\frac{1}{x}$ tal que $x \cdot x^{-1} = 1$ (todo elemento no nulo tiene *inverso*)

(I.9) $x \cdot (y + z) = x \cdot y + x \cdot z$ (el producto es distributivo respecto la suma)

Se suponen conocidas las consecuencias elementales de estos axiomas (algunas de ellas las probaremos al hablar de la estructura abstracta de cuerpo).

(II) $\mathbb{R}$ es un cuerpo ordenado. Esto significa que se satisfacen los siguientes axiomas:

(II.1) $x \leq y$ e $y \leq z$ implica $x \leq z$ (Transitividad del orden)

(II.2) $x \leq y$ e $y \leq x$ es equivalente a $x = y$

(II.3) Para cada dos elementos x, y de $\mathbb{R}$, o $x \leq y$ o $y \leq x$

(II.4) $x \leq y$ implica $x + z \leq y + z$ (el orden de $\mathbb{R}$ es compatible con la suma)

(II.5) $0 \leq x$ y $0 \leq y$ implica $0 \leq x \cdot y$ (el orden de $\mathbb{R}$ es compatible con el producto)

La relación $x \leq y$ y $x \neq y$ se escribe $x < y$ o $y > x$

(III) $\mathbb{R}$ es un cuerpo ordenado arquimediano, que significa que satiface el **axioma de Arquímedes**: para cada par x, y de números reales tales que $0 < x$, $x \neq y$, existe un número entero n tal que $y \leq nx$.

(IV) $\mathbb{R}$ satisface el **axioma de los intervalos encajados**: Dada una sucesión de intervalos cerrados $\{[a_n, b_n]\}$ encajados (es decir $a_n \leq a_{n+1}$ y $b_{n+1} \leq b_n$) la intersección de todos los intervalos es no vacía. Además, si el diámetro de los intervalos tiende a cero, la intersección de todos ellos es un único punto.

3.1.2   El conjunto de los naturales $\mathbb{N}$

La manera con que se desarrolla la Aritmética en la actualidad es partiendo de la existencia de un conjunto $\mathbb{N}$, como construimos con la teoría de cardinales, y el cual ha de cumplir los denominados *axiomas de Peano*, que podríamos reescribir como sigue:

Ax1: Existe un elemento que escribimos 0

Ax2: Todo elemento tiene sucesor único. Esta propiedad permite, en definitiva, escribir ordenados los elementos naturales en la forma $0, 1, 2, 3, 4, \ldots$ de manera que el sucesor de 0 es 1, el sucesor de 1 es $2, \ldots$ y el sucesor de n es $n + 1$. También permite identificar un orden: $0 < 1 < 2 < 3 < 4 < \cdots$

Ax3: El 0 no es sucesor de ningún número natural (se constituye así, la existencia de un primer número natural)

Ax4: Si x e y son dos números naturales que tienen el mismo sucesor, entonces $x = y$.

Ax5: Principio de inducción: Si H es un subconjunto de $\mathbb{N}$ de manera que $0 \in H$ y si $n \in H \rightarrow n + 1 \in H$, entonces $H = \mathbb{N}$.

Nota. No hay inconveniente en admitir 1 (en vez de 0), como primer natural.

3.1.3 Clasificación de números reales

Cualquier número real se puede escribir con infinitas cifras decimales: En efecto, si por construcción su número de decimales es finito, bastaría añadirle ceros a la derecha de la última cifra decimal significativa. El conjunto de los números irracionales lo constituyen aquéllos que no se pueden escribir en forma de fracción o equivalentemente, su escritura en forma de decimal ilimitado no admite ningún tipo de periodicidad. A modo de ejemplo, $\sqrt{2}$ y π son dos números irracionales. Además, se dice que π es *trascendente* porque no puede obtenerse como solución de una ecuación polinómica con coeficientes enteros. El número e que veremos en el Capítulo 5, también es trascendente. Obsérvese que $\sqrt{2}$ no es trascendente pues $\sqrt{2}$ es solución de la ecuación $x^2 - 2 = 0$.

3.2 GRUPOS

3.2.1 Ley de composición interna en un conjunto

Sea G un conjunto no vacío. Se denomina ley de composición interna (se abrevia, lci) en un conjunto G a toda aplicación $f : G \times G \rightarrow G$.

A una lci también se le llama **ley interna** en G, o simplemente una operación. De manera habitual, denotaremos por $a * b$ a $f(a, b)$. Así, si $f(a, b) = c$, se dice que a compuesto con b es c, y se escribe $a * b = c$. En la práctica, la manera de definir f (que acaba por no ser nombrada) es a través de la definición de $*$. La primera consecuencia inmediata de la definición es que c, el resultado de componer a con b, es un único elemento de G, lo cual caracteriza el concepto de lci en G.

Nota. Obsérvese que la correcta escritura debería ser $f((a, b))$, dado que (a, b) es el elemento sobre el que actúa f, pero en la práctica se escribe $f(a, b)$. Veamos algunos ejemplos.

3.2.2 Ejemplo

(a) La expresión $a * b = a + b + 3$, es una ley interna en $\mathbb{N}$, pues para cualesquiera que sean $a, b \in \mathbb{N}$, el resultado $a + b + 3$ pertenece a $\mathbb{N}$ y es único. Así, por ejemplo, $2 * 4 = 2 + 4 + 3 = 9$.

(b) la expresión de $*$ en (a) no es ley interna en el conjunto de los números pares $\{0, 2, 4, 6, \dots\}$, pues 2, 4 son pares pero, como acabamos de ver, $2 * 4$ no es par.

3.2.3 Propiedades optativas que puede verificar una lci $*$

Sea $*$ una lci en G. Sean a, b, c elementos cualesquiera de G. Se dice que $*$ es *asociativa* si $a * (b * c) = (a * b) * c$. Se dice que $*$ es *conmutativa* si $a * b = b * a$. Se dice que el elemento e de G es el elemento *neutro* de $*$ si $a * e = e * a = a$, para cualquier $a \in G$. Dado el elemento $a \in G$, se dice que el elemento a' de G es el *simétrico* de a si $a * a' = a' * a = e$.

3.2.4 Nota sobre conmutatividad y asociatividad

(a) Cuando una ley interna es conmutativa, la verificación de la existencia del neutro e, y la de el simétrico para cada elemento, es suficiente con que se realice, obviamente, sólo por un lado.

(b) Una consecuencia inmediata de la asociatividad de una ley es que permite omitir los paréntesis y escribir sencillamente $a * b * c$ (Recuerde el lector que la suma y el producto son leyes asociativas en teoría de números y solemos escribir $2 + 3 + 5$ o $2 \cdot 3 \cdot 5$, sin paréntesis).

3.2.5 Definición (Grupo)

Se dice que el conjunto G con la lci $*$ es un **grupo**, si $*$ es asociativa, si existe en G un elemento neutro para $*$, y si todo elemento de G tiene simétrico (por supuesto, en G). En tal caso se dice que $(G, *)$ es un grupo. Si además $*$ es conmutativa se dice que $(G, *)$ es un **grupo abeliano** o conmutativo. En ocasiones, por abreviar y si no se requiere mencionar la ley $*$, a G se le denomina grupo. Vemos algunos ejemplos.

3.2.6 Ejemplo

(a) De las propiedades elementales enunciadas en el principio de la sección sobre la suma en $\mathbb{R}$, es sencillo observar que $(\mathbb{Z}, +)$ es un grupo abeliano.

También lo son $(\mathbb{Q}, +)$ y $(\mathbb{R}, +)$. En todos ellos 0 es el neutro y el elemento simétrico de a es $-a$, cualquiera que sea a.

(b) $\mathbb{N}$ con la ley $+$ no es un grupo, pues el elemento 2, por ejemplo, no posee simétrico en $\mathbb{N}$; en efecto -2 debería ser el simétrico de 2, pero $-2 \notin \mathbb{N}$.

3.2.7 Composición lateral en una ecuación

Si disponemos en un grupo de una igualdad de la forma $x * y = a * b$, entonces la expresión $z * x * y = z * a * b$, es siempre cierta para cualquier elemento z del grupo, así como $x * y * z = a * b * z$. Sin embargo, en general, no es cierto que $z * x * y = a * b * z$, ni tampoco es igual a $x * z * y$, salvo que $*$ sea conmutativa. (Ello es consecuencia de que $*$ representa una aplicación, en la que $f(m, n) = m * n$ no tiene porqué coincidir con $f(n, m) = n * m$). Esto se resume diciendo que en una ecuación se puede componer con un elemento por un mismo lado, en ambos miembros de la igualdad.

3.2.8 Consecuencias

Sea $(G, *)$ un grupo con neutro e y designemos por a' el simétrico de a. Se tiene:

(a) El elemento neutro e es único.

(b) El simétrico a' de a es único, para cada a.

(c) La ecuación $a * x = b$ (donde x es la incógnita), tiene solución única siempre en G, que es $x = a' * b$.

(d) $a = (a')'$

(e) Se verifica la "propiedad de cancelación" $a * x = a * y$ implica $x = y$

(f) $(a * b)' = b' * a'$

Demostración.

(a) Supongamos que e y e' fueran dos neutros para la ley $*$. Entonces, por ser e neutro se tiene $e' * e = e'$. También, por ser e' neutro se tiene $e' * e = e$, y en consecuencia $e = e'$.

(b) Supongamos que a' y a'' son simétricos de a. Entonces $a' = a' * e = a' * (a * a'') = (a' * a) * a'' = e * a'' = a''$.

(c) En efecto de $a * x = b$, se tiene $a' * a * x = a' * b$, es decir $e * x = a' * b$, y por tanto $x = a' * b$.

(Obsérvese que para "despejar" x hemos recurrido a componer con el simétrico de a, a ambos lados de la ecuación (por la izquierda), para lograr que "desaparezca" el término a del primer miembro de la ecuación. La solución $x = b * a'$, en general, sólo es válida si $*$ es conmutativa).

(d) Por la propia definición, es obvio que si a' es el simétrico de a, también a es el simétrico de a', y por tanto $a = (a')'$.

(e) Si $a * x = a * y$, entonces $a' * a * x = a' * a * y$, es decir $e * x = e * y$, y por tanto $x = y$.

(f) En efecto, se tiene que $(a*b)*(b'*a') = a*(b*b')*a' = a*e*a' = a*a' = e$.

Análogamente, $(b' * a') * (a * b) = b' * (a' * a) * b = b' * e * b = b' * b = e$ y por tanto el simétrico de $a * b$ es $b' * a'$.

$\square$

3.2.9 Los grupos numéricos (cambio de terminología y notación)

De las consabidas propiedades de la suma en $\mathbb{R}$ podemos afirmar que $(\mathbb{Z}, +)$, $(\mathbb{Q}, +)$ y $(\mathbb{R}, +)$ son grupos abelianos. El neutro de la suma es obviamente 0, en todos ellos, pues $0 + a = a$, $\forall a \in \mathbb{R}$ y el simétrico de a es $-a$ (opuesto de a), pues $a + (-a) = 0$.

Son tan familiares estos grupos, que hay una tendencia a denominar a una ley abstracta $*$ sobre un conjunto G, ley suma (y se la denota $+$), cuando confiere de estructura de grupo al conjunto G. Más todavía, suele denominarse cero (o nulo, según contextos) al elemento neutro, y opuesto de a al simétrico a' de a respecto la ley $*$ definida. El hecho es, que a la hora de hacer cálculos con $*$, nos parece más intuitivo escribir $a + (-a) = 0$, en vez de $a * a' = e$, a modo de ejemplo. Esta notación se pondrá en práctica, de manera generalizada, a partir de la Sección 3.3.

3.2.10 La sustracción en conjuntos numéricos

Al cálculo de $a + (-b)$, cuando a y b son números reales se ha convenido en escribir $a - b$, y se le denomina diferencia de a y b (se lee: a menos b). Las consabidas reglas de signos para calcular $a + b$, cuando a y b son números reales, se deducen de las propiedades anteriores. A modo de ejemplo, veamos el resultado de la operación $-(a + b)$:

De la propiedad (f) de la Sección 3.2.8 se tiene que el simétrico (opuesto) de $a + b$, que se denota ahora por $-(a + b)$, es $-b + (-a) = -b - a$, y dado que $+$ es conmutativa entonces $-(a + b) = -a - b$.

3.2.11 Trasposición de términos en una ecuación (nueva notación)

Vamos a resolver la ecuación $a + x = b$ en $(\mathbb{R}, +)$, atendiendo a los conceptos dados y a la Sección 3.2.7. Se tiene $-a + a + x = -a + b$, es decir $0 + x = -a + b$, y por tanto, usando la conmutatividad de $+$, se tiene $x = b - a$. Hemos llegado a la consabida regla que dice: un sumando en una ecuación, en este caso a, puede pasar al otro miembro de la ecuación, cambiado de signo.

3.2.12 Ejemplo de un grupo con una ley $*$, no convencional

Definimos en $\mathbb{Z}$ la ley $a * b = a + b + 3$, para cualesquiera $a, b \in \mathbb{Z}$. Obviamente se trata de una lci en $\mathbb{Z}$, pues el resultado de $a * b$ es un elemento único de $\mathbb{Z}$.

La ley $*$ es conmutativa pues $a * b = a + b + 3 = b + a + 3 = b * a$.

Veamos si existe el neutro de $*$, en $\mathbb{Z}$: Si designamos por e al supuesto neutro habrá de suceder por definición de $*$, que $a * e = a + e + 3$, y por definición de neutro habrá de suceder que $a * e = a$. Así que $a + e + 3 = a$, y por tanto $e = -3$, que pertenece a $\mathbb{Z}$. (A modo de ejemplo, obsérvese que $5 * (-3) = 5 + (-3) + 3 = 5$).

Encontrado el neutro, elijamos $a \in \mathbb{Z}$ y llamemos a' al supuesto simétrico de a. Habrá de suceder por la definición de $*$ que $a * a' = a + a' + 3$, y por la definición de simétrico que $a * a' = -3$. Así, $a + a' + 3 = -3$, y por tanto existe $a' = -a - 6$, que también pertenece a $\mathbb{Z}$. (A modo de ejemplo, el simétrico de 5 es $-5 - 6 = -11$. En efecto, $5 * (-11) = 5 + (-11) + 3 = -3 (= e)$). Así, $(\mathbb{Z}, *)$ es un grupo abeliano.

Obsérvese que la verificación del neutro y simétrico, se ha hecho sólo por un lado, dado que $*$ es conmutativa.

Para dar sentido a la definición de grupo abeliano, presentaremos en la Sección 3.2.14 un grupo que no es abeliano.

3.2.13 Ejemplo de un grupo no numérico

Consideremos sobre un conjunto no vacío A el conjunto $\mathfrak{B}$ de todas las aplicaciones biyectivas de A en A, i.e., $\mathfrak{B} = \{f : A \rightarrow A : f$ es biyectiva$\}$.

Sobre $\mathfrak{B}$ consideramos la composición de aplicaciones $\circ$.

Como la composición de aplicaciones biyectivas es biyectiva y única, entonces la ley $\circ$ es lci en $\mathfrak{B}$. En el capítulo anterior vimos que la ley de composición $\circ$ es asociativa. Además, existe elemento neutro para la ley de composición que es la aplicación (biyectiva) denominada identidad I, que actúa de manera que $f \circ I = I \circ f = f$, $\forall f \in \mathfrak{B}$. Cada elemento f de $\mathfrak{B}$ posee un elemento simétrico que es f^{-1}, pues, además de ser f^{-1} aplicación biyectiva, verifica $f^{-1} \circ f = f \circ f^{-1} = I$. Con ello $(\mathfrak{B}, \circ)$ es un grupo, pero en este caso, no es necesariamente conmutativo, pues vimos en el capítulo anterior que la composición de aplicaciones, en general, no es conmutativa (véase Ejercicios E3.6 y E3.8).

3.2.14 El grupo no conmutativo de las permutaciones de orden tres

En el caso de que A sea un conjunto finito, pongamos $A = \{1, 2, 3\}$, al grupo de la sección anterior $(\mathfrak{B}, \circ)$ se le denomina grupo de las permutaciones de A, pues las aplicaciones biyectivas posibles se reconocen a través de sus imágenes ordenadas, que pueden representarse por 123, 132, 213, 231, 312, 321, que son justo lo que se conoce como las *permutaciones* de las cifras 1,2,3. La primera permutación 123, corresponde a la aplicación identidad que la denominaremos f_0, definida por $f_0(1) = 1, f_0(2) = 2, f_0(3) = 3$. La segunda permutación 132 corresponde a la aplicación biyectiva, digamos f_1, definida por $f_1(1) = 1$, $f_1(2) = 3$, $f_1(3) = 2$. La tercera permutación 213 corresponde a la aplicación biyectiva, digamos f_2, definida por $f_2(1) = 2$, $f_2(2) = 1$, $f_2(3) = 3$. La cuarta permutación 231 corresponde a la aplicación biyectiva, digamos f_3, definida por $f_3(1) = 2, f_3(2) = 3, f_3(3) = 1$, y de manera similar se definen las restantes f_4 y f_5 (véase a continuación el diagrama sagital para f_0, f_1, f_2 y f_3).

$$
\begin{array}{cccc}
\begin{array}{ccc} 1 & \to & 1 \\ 2 & \to & 2 \\ 3 & \to & 3 \\ & f_0 & \end{array} &
\begin{array}{ccc} 1 & \to & 1 \\ 2 & \to & 3 \\ 3 & \to & 2 \\ & f_1 & \end{array} &
\begin{array}{ccc} 1 & \to & 2 \\ 2 & \to & 1 \\ 3 & \to & 3 \\ & f_2 & \end{array} &
\begin{array}{ccc} 1 & \to & 2 \\ 2 & \to & 3 \\ 3 & \to & 1 \\ & f_3 & \end{array}
\end{array}
$$

Para hallar la composición $f_i \circ f_j$, de dos de ellas ($i = 0, 1, 2, 3, 4, 5$), se recomienda hacer un diagrama sagital (véase debajo la composición $f_2 \circ f_1$, que resulta ser f_3). Para reconocer la estructura de grupo no conmutativo se sugiere trasladar los resultados de las composiciones a una *tabla de Cayley* (véase Problema P3.5)

$$
\begin{array}{ccc}
1 & \to & 1 \\
2 & \to & 3 \\
3 & \to & 2 \\
& f_1 &
\end{array}
\qquad
\begin{array}{ccc}
1 & \to & 2 \\
3 & \to & 3 \\
2 & \to & 1 \\
& f_2 &
\end{array}
$$

$$f_2 \circ f_1 = f_3$$

3.2.15 Ejemplos de grupos numéricos. Notación contextual

(a) El grupo $(\mathbb{R}^2, +)$.

Consideremos en $\mathbb{R}^2$ la ley suma definida por $(a, b)+(c, d) = (a+c, b+d)$. Obviamente se trata de una lci en $\mathbb{R}^2$. Las pruebas de la asociatividad y la conmutatividad, son triviales y se omiten. El elemento, que denominamos nulo, $(0,0)$, es el elemento neutro pues, para cualquier $(a, b) \in \mathbb{R}^2$ se tiene que $(a, b) + (0, 0) = (a, b)$. Obviamente, el opuesto de (a, b) es $(-a, -b)$, pues $(a, b) + (-a, -b) = (0, 0)$.

Así pues $(\mathbb{R}^2, +)$ es un grupo abeliano.

(b) El grupo de los polinomios en x, con coeficientes reales, de grado menor o igual que 1.

Designemos por $P_1(x)$ al conjunto $\{a + bx : a, b \in \mathbb{R}\}$, conocido como el conjunto de los polinomios en x, con coeficientes reales, de grado menor o igual que 1. Definimos la suma $+$ en este conjunto, como sigue (se admite que el polinomio $0 + bx$ se escriba bx y el $a + 0x$ se escriba a):

$$(a + bx) + (c + dx) = a + c + (b + d)x$$

La ley suma, así definida, es una lci en $P_1(x)$, pues $a + c$ y $b + d$, son números reales (únicos). Esta ley es conmutativa pues: $(a + bx) + (c + dx) = a + c + (b + d)x = (c + dx) + (a + bx)$.

Dejamos al lector que demuestre la asociatividad.

El elemento neutro de esta ley suma es, obviamente, $0+0x$ (denominado polinomio nulo) y el elemento opuesto (simétrico) de $a + bx$ es $-a - bx$, pues $a + bx + (-a - bx) = 0 + 0x$.

Por tanto $(P_1(x), +)$ es un grupo abeliano.

Observación (Notación con significado contextual): En este ejemplo aparece tres veces el símbolo $+$, con significados distintos, lo que es habitual en la matemática actual. En el caso de nombrar un polinomio como $a + bx$, el símbolo $+$ es una notación sin significado alguno, sólo separa el coeficiente a, del término en x que tiene coeficiente *b.* El símbolo + de $(P_1(x), +)$ hace referencia a la ley suma que se ha definido en el primer párrafo. Finalmente, el símbolo + de $a+c$ y $b+d$, por ejemplo, es la suma conocida de números reales, cuyas propiedades hemos utilizado para llegar a la conclusión de que $(P_1(x), +)$ es un grupo abeliano.

(c) (El conjunto de los números complejos)

Designemos por $\mathbb{C}$ al conjunto $\{a + bi : a, b \in \mathbb{R}\}$, donde i designa la unidad imaginaria(i.e., $i = \sqrt{-1}$, aunque no vamos a utilizar este aspecto). A este conjunto se le conoce como el conjunto de los números complejos. Definimos una ley suma en $\mathbb{C}$ como sigue

$$(a + bi) + (c + di) = a + c + (b + d)i$$

Desde el punto de vista formal, sólo hemos reemplazado x por i en el ejemplo de $P_1(x)$. Entonces el lector observará, por analogía con $P_1(x)$, que de nuevo $(\mathbb{C}, +)$ es un grupo abeliano, donde el elemento nulo de $\mathbb{C}$, para la suma, es $0 + 0i$, y el opuesto (simétrico) del complejo $a + bi$ es $-a - bi$.

A la vista de los tres ejemplos de la Sección 3.2.15, el lector tiene fundadas sospechas, de que"prácticamente" los tres grupos son el mismo. Está en lo cierto, pero hay que formalizarlo desde el punto de vista matemático, como pasamos a hacer a continuación.

3.2.16 Homomorfismo

Sean $(G, *)$ y $(H, \pounds)$ dos grupos. Se dice que la aplicación $f : (G, *) \to (H, \pounds)$ es un **homomorfismo** (entre grupos) si $f(a * b) = f(a)\pounds f(b)$. Si f es un homomorfismo y es aplicación biyectiva recibe el nombre de **isomorfismo**.

Observación: Esta forma de denotar una aplicación cuando hace referencia a estructuras, es habitual en álgebra moderna.

3.2.17 Propiedades de un homomorfismo

Sean $(G, *)$ y $(H, \pounds)$ dos grupos con neutros e y E, respectivamente. Sea $f : (G, *) \to (H, \pounds)$ un homomorfismo. Entonces:

(a) $F(e) = E$

(b) $f(a') = f(a)'$, donde, como es usual, con la tilde indicamos el simétrico de a y $f(a)$, cada uno respecto su ley, respectivamente.

Demostración.

(a) Dado $a \in G$, se tiene $f(a * e) = f(a) = f(a) \pounds f(e)$. Así pues, $f(e)$ es el neutro para la ley $\pounds$. (La prueba con e a la izquierda es análoga)

(b) $f(a * a') = f(e) = E = f(a) \pounds f(a')$ y por tanto el simétrico de $f(a)$ es $f(a')$, i. e., $f(a)' = f(a')$ (La prueba por la izquierda es análoga)

$\square$

3.2.18 Isomorfimo

Se dice que el grupo $(G, *)$ es isomorfo al grupo $(H, \pounds)$ si existe un isomorfismo $f : (G, *) \rightarrow (H, \pounds)$ y se escribe $(G, *) \equiv (H, \pounds)$. En tal caso (Ejercicio E3.9) también $(H, \pounds)$ es isomorfo a $(G, *)$, por lo que se dice que $(G, *)$ y $(H, \pounds)$ son isomorfos. Más todavía, como la composición de isomorfismos es un isomorfismo (Ejercicio E3.10), si $(H, \pounds)$ es isomorfo a $(D, \S)$ entonces, también $(G, *)$ es isomorfo a $(D, \S)$.

3.2.19 Identificación de gupos isomorfos

Recordemos que una aplicación biyectiva de G en H distingue las imágenes de elementos diferentes, pero en el caso de ser isomorfismo, además "traslada" la composición de elementos de G a la composición de sus imágenes en H. Entonces, si $(G, *) \equiv (H, \pounds)$, ambos grupos sólo se distinguen por su notación, pues su estructura algebraica, como grupos, es idéntica. En algunos casos, la diferencia de notación es tan insignificante, que ambos grupos podrían ser considerados el mismo, como sucede en el siguiente ejemplo.

3.2.20 Ejemplo de grupos isomorfos

Los tres grupos antes definidos $(\mathbb{R}^2, +), (P_1(x), +)$ y $(\mathbb{C}, +)$ son isomorfos, i.e., algebraicamente son un mismo grupo y en este caso sólo difieren en la manera de nombrar a sus elementos, como vemos a continuación.

La aplicación $f : (\mathbb{R}^2, +) \rightarrow (P_1(x))$ definida por $f(a, b) = a + bx$ es biyectiva, pues la correspondencia inversa $f^{-1}(a + bx) = (a, b)$, es una aplicación. Además f es homomorfismo pues $f((a, b) + (c, d)) = f(a + c, b + d) = a + c + (b + d)x = a + bx + (c + dx) = f(a, b) + f(c, d)$. Por tanto f es un isomorfismo.

El elemento neutro en $(\mathbb{R}^2, +)$ se escribe $(0, 0)$, y en $(P_1(x), +)$ se escribe $0 + 0x$. En ambos casos constituyen el "cero" para la suma, y también se les denomina elemento nulo, que en algunas ocasiones se simboliza por $\mathbf{0}$. El opuesto de (a, b) en $(\mathbb{R}^2, +)$ es $(-a, -b)$ y el opuesto de $a + bx$ en $(P_1(x), +)$ es $-a - bx$.

Utilizando un razonamiento similar, se puede probar que la aplicación $f : (P_1(x), +) \to (\mathbb{C}, +)$ dada por $f(a + bx) = a + bi$ es un isomorfismo. De hecho, desde un punto de vista formal, y en cuanto a la operación suma se refiere, sólo se ha cambiado la letra x por la letra i.

3.2.21 Ley cerrada. Propiedades hereditarias

Consideremos el par $(G, *)$ donde $*$ es una lci en G. Sea el conjunto no vacío $H \subset G$. Si $*$ es lci en H se dice que $*$ es cerrada en H. Hay algunas propiedades relativas a $*$, como la conmutatividad y asociatividad, que de ser poseídas en G, se inducen en H; estas propiedades se dice que son hereditarias.

No obstante, si $(G, *)$ es un grupo y $*$ es cerrada en H, entonces $(H, *)$ no es necesariamente un grupo. En efecto, sabemos que $\mathbb{N} \subset \mathbb{Z}$, y que $(\mathbb{Z}, +)$ es un grupo y que además $+$ es cerrada en $\mathbb{N}$ (la suma de números naturales es un número natural único); sin embargo $(\mathbb{N}, +)$ no es grupo, pues aunque $\mathbb{N}$ posee elemento neutro (el 0), los naturales positivos no poseen simétrico (opuesto) respecto la suma.

3.2.22 Inmersión de los grupos numéricos

La aplicación $f : (\mathbb{R}, +) \to \mathbb{C}(+)$ dada por $f(a) = a + 0i$, es un homomorfismo entre los grupos $(\mathbb{R}, +)$ y $(\mathbb{C}, +)$. En efecto $f(a + b) = a + b + 0i = a + 0i + (b + 0i) = f(a) + f(b)$.

En este caso f es obviamente inyectiva pues si $x \neq y$ entonces se tiene $f(x) = x + 0i \neq y + 0y = f(y)$. Sin embargo, esta aplicación no es suprayectiva pues, por ejemplo, $f^{-1}(2 + 3i)$ no existe.

Si identificamos cada elemento real con su imagen $f(a)$ en $\mathbb{C}$, podríamos decir que los números reales a y b, son complejos que se escriben $a + 0i$ y $b + 0i$, respectivamente. De esta forma la suma de los reales a y b en $\mathbb{R}$, $a + b$, se identificaría con $f(a + b)$ que es el complejo $a + b + 0i$, el cual es la suma $f(a) + f(b)$ efectuada en $(\mathbb{C}, +)$. Además, el opuesto del número real a, consierado como complejo $a + 0i$, es el complejo $-a - 0i$, es decir, se trata de $-a$. Por otra parte, el neutro 0 de $(\mathbb{R}, +)$ es el neutro $0 + 0i$ de $(\mathbb{C}, +)$. La conclusión es que con la identificación del principio del párrafo, es indiferente sumar a y b en $(\mathbb{R}, +)$ que sumarlos en $(\mathbb{C}, +)$. De esta manera se ha probado que el grupo $(\mathbb{R}, +)$ está inmerso en $(\mathbb{C}, +)$. En la sección siguiente matizamos este concepto.

3.2.23 (R,+) es un subgrupo de (C,+)

Si H es un subconjunto no vacío de G y $(G, *)$ es un grupo, entonces se dice que H es **subgrupo** de $(G, *)$, si $(H, *)$ es un grupo. En tal caso, se conviene en escribir $(H, *) \subset (G, *)$, y se dice que $(H, *)$ está *inmerso* en $(G, *)$.

El hecho de que $\mathbb{R}$ sea un subconjunto de $\mathbb{C}$, no es relevante que se haya obtenido en la sección anterior, pues en el Análisis Matemático se acepta en la propia definición de número complejo (el complejo $a + 0i$ es el número real a). Lo interesante es que mediante razonamientos algebraicos se ha llegado a que $(\mathbb{R}, +)$ (ahora, $+$ es la suma en $\mathbb{C}$), es un subgrupo de $(\mathbb{C}, +)$, que denotamos $(\mathbb{R}, +) \subset (\mathbb{C}, +)$.

Dejamos que el lector, imitando argumentaciones anteriores, llegue a la conclusión de que los números enteros, respecto la suma, son elementos de $\mathbb{Q}$, observando que la aplicación $f : (\mathbb{Z}, +) \to (\mathbb{Q}, *)$ dada por $f(a) = \dfrac{a}{1}$, para cada $a \in \mathbb{Z}$, es un homomorfismo de grupos y que $(\mathbb{Z}, +) \subset (\mathbb{Q}, +)$.

Sin que entremos en más detalles admitiremos que los grupos $(\mathbb{Z}, +)$, $(\mathbb{Q}, +)$, $(\mathbb{R}, +)$ y $(\mathbb{C}, +)$ verifican:

$$(\mathbb{Z}, +) \subset (\mathbb{Q}, +) \subset (\mathbb{R}, +) \subset (\mathbb{C}, +)$$

3.3 ANILLOS

Vamos a definir una estructura algebraica más rica que la anterior, conocida como anillo, que se encuentra en muchos contextos numéricos. A partir de ahora hablaremos de dos leyes; la primera ley será nombrada como suma, y denotada $+$, y la segunda como producto, denotada con un punto $\cdot$, que puede omitirse cuando vaya entre letras. Ambas tendrán significado dependiendo del contexto donde se definan.

3.3.1 Anillo

Sea A un conjunto no vacío: Se dice que la terna $(A, +, \cdot)$ es un anillo si $(A, +)$ es un grupo abeliano y si $\cdot$ es una lci en A que verifica:

La ley $\cdot$ es asociativa

La ley $\cdot$ es distributiva respecto $+$, es decir, se cumple $a(b+c) = ab + ac$ y $(a + b) \cdot c = ac + bc$

El Anillo $(A, +, \cdot)$ se dice *unitario*, si existe elemento neutro para la segunda ley, llamado unidad, que escribimos 1, de manera genérica, y que por tanto verifica $a \cdot 1 = 1 \cdot a = a$, para todo $a \in A$.

El Anillo $(A, +, \cdot)$ se dice *conmutativo* si la segunda ley (producto) es conmutativa.

El Anillo $(A, +, \cdot)$ se dice *íntegro* si $a \cdot b = 0$ implica $a = 0$ o $b = 0$.

3.3.2 El anillo (unitario, conmutativo, íntegro) de los enteros $(\mathbb{Z}, +, .)$

Damos por supuesto que el lector ha reconocido las propiedades sabidas en los enteros, que le confieren estructura de anillo $(\mathbb{Z}, +, \cdot)$ cuando $+$ y $\cdot$ son la suma y producto de enteros, usuales. Se trata de un anillo unitario, pues 1, en este caso, es el elemento unidad que verifica $a \cdot 1 = 1 \cdot a = a, \forall a \in \mathbb{Z}$. Obviamente, $a \cdot b = b \cdot a$ por lo que es un anillo conmutativo, y finalmente de $a \cdot b = 0$ se deduce $a = 0$ o $b = 0$, por lo que es íntegro.

Vistas las bondades del anillo $(\mathbb{Z}, +, \cdot)$, nos preguntamos por sus carencias, y hallamos una muy importante: No puede resolverse en $\mathbb{Z}$, en general, la ecuación $ax = b$, para cualesquiera $a, b \in \mathbb{Z}$, con $a \neq 0$; la razón de ello es que los únicos elementos no nulos en $\mathbb{Z}$ que poseen *inverso*, son 1 y -1. Así, la ecuación $3x = 2$, no tiene solución en $\mathbb{Z}$. Esta situación la resolveremos en la Sección 3.4.

Nos preguntamos ahora, si en Secundaria se conoce algún anillo que no posea todas las propiedades de $(\mathbb{Z}, +, \cdot)$. La repuesta es afirmativa, como veremos a continuación, y el interés de dicha estructura radica en sus carencias, pues de lo contrario, tendríamos una estructura que podría ser considerada como una copia de $(\mathbb{Z}, +, \cdot)$.

3.3.3 El anillo (unitario, no conmutativo, no íntegro) de las matrices cuadradas

Definimos una matriz cuadrada de orden dos como una distribución en dos filas y dos columnas de números reales $a_{i,j}$ que se representa en forma de rectángulo, como sigue

$$A = \begin{pmatrix} a_{1,1} & a_{1,2} \\ a_{2,1} & a_{2,2} \end{pmatrix}$$

Al conjunto de todas estas matrices lo denotamos M_2, y sobre M_2 definimos dos lci: la ley suma y la ley producto, como siguen:

$$\begin{pmatrix} a & b \\ c & d \end{pmatrix} + \begin{pmatrix} e & f \\ g & h \end{pmatrix} = \begin{pmatrix} a+e & b+f \\ c+g & d+h \end{pmatrix}$$

$$\begin{pmatrix} a & b \\ c & d \end{pmatrix} \cdot \begin{pmatrix} e & f \\ g & h \end{pmatrix} = \begin{pmatrix} ae+bg & af+bh \\ ce+dg & cf+dh \end{pmatrix}$$

En bachiller se prueba que con estas leyes $(M_2, +, \cdot)$ es un anillo (Ver Problema P3.3). En este anillo, la matriz nula (todos sus coeficientes son ceros), es la matriz neutro para la ley suma, y el elemento opuesto de la matriz (a_{ij}) es la matriz $(-a_{ij})$.

Este anillo es unitario pues la matriz, aquí denominada identidad I, que tiene unos sobre la diagonal (i.e., $a_{1,1} = a_{2,2} = 1$) y ceros fuera de la diagonal, verifica $I \cdot A = A \cdot I = A$ para cualquier $A \in M_2$.

Sin embargo, $(M_2, +, \cdot)$ no es un anillo conmutativo. En efecto:

$$\begin{pmatrix} 1 & 2 \\ -1 & 3 \end{pmatrix} \cdot \begin{pmatrix} 3 & 0 \\ 1 & 2 \end{pmatrix} = \begin{pmatrix} 5 & 4 \\ 0 & 6 \end{pmatrix}$$

$$\begin{pmatrix} 3 & 0 \\ 1 & 2 \end{pmatrix} \cdot \begin{pmatrix} 1 & 2 \\ -1 & 3 \end{pmatrix} = \begin{pmatrix} 3 & 6 \\ -1 & 8 \end{pmatrix}$$

Tampoco es un anillo íntegro $(M_2, +, \cdot)$, pues se tiene:

$$\begin{pmatrix} 1 & 0 \\ 0 & 0 \end{pmatrix} \cdot \begin{pmatrix} 0 & 0 \\ 0 & 1 \end{pmatrix} = \begin{pmatrix} 0 & 0 \\ 0 & 0 \end{pmatrix}$$

3.3.4 Subanillos

Sea $(K, +, \cdot)$ un anillo y sea H un subconjunto no vacío de K. Si $(H, +, \cdot)$ es un anillo entonces se dice que H es un subanillo de $(K, +, \cdot)$. Algunos autores lo denotan $(H, +, \cdot) \subset (K, +, \cdot)$.

Ejemplo numéricos de anillos que son unitarios y conmutativos, además de $(\mathbb{Z}+, \cdot)$, son $(\mathbb{Q}, +, \cdot)$ y $(\mathbb{R}, +, \cdot)$. Además, con la notación anterior, es fácil observar que $(\mathbb{Z}, +, \cdot) \subset (\mathbb{Q}, +, \cdot) \subset (\mathbb{R}, +, \cdot)$.

3.4 CUERPOS

3.4.1 Definición

Con la notación de la sección anterior, si K es un conjunto no vacío, se dice que $(K, +, \cdot)$ es un cuerpo si $(K, +, \cdot)$ es un anillo conmutativo con elemento unidad, denotado 1, y de manera que todo elemento $a \in K$ con $a \neq 0$ posee simétrico (escrito a^{-1}) respecto de la segunda ley producto, es decir, existe $a^{-1} \in K$, nombrado *inverso* de a, de manera que $a \cdot a^{-1} = 1$.

3.4.2   Propiedades de la estructura de cuerpo

Para hacer más intuitivas las pruebas al lector, nombraremos por 0 y 1, a los neutros de $+$ y $\cdot$, respectivamente. Si $(K, +, \cdot)$ es un cuerpo, entonces

(a) $a \cdot 0 = 0$, $\forall a \in K$.

(b) $a \cdot b = 0 \rightarrow a = 0$ o $b = 0$ (Los cuerpos son anillos íntegros).

(c) Si $a \neq 0$, entonces $a \cdot x = ay \rightarrow x = y$ (Propiedad de cancelación).

(d) La ecuación $ax = b$, con $a, b \in K$ y $a \neq 0$, tiene solución única.

Demostración (El lector debe meditar qué axioma de la estructura de cuerpo se utiliza en cada paso, que además le es familiar).

(a) Usando la distributividad se tiene que $a(1 + 0) = a \cdot 1 + a \cdot 0 = a + a \cdot 0$. Por otra parte, $a(1 + 0) = a \cdot 1 = a$. Así pues $a + a \cdot 0 = a$, por lo que $a \cdot 0 = 0$.

(b) Sea $a \cdot b = 0$ y supongamos que $a \neq 0$. Entonces existe a^{-1} que verifica $a^{-1} \cdot a = 1$. Por tanto, se tiene que $a^{-1} \cdot a \cdot b = a^{-1} \cdot 0$, es decir $1 \cdot b = 0$, por la propiedad anterior, y en consecuencia $b = 0$.

(c) Supongamos que $a \neq 0$. Entonces de $ax = ay$ se sigue que $ax - ay = 0$, y por tanto $a(x - y) = 0$, y como $a \neq 0$, de la propiedad (b) se sigue que $x - y = 0$, y por tanto $x = y$.

(d) Supongamos que $ax = b$, con $a \neq 0$. Entonces como existe a^{-1}, se tiene $a^{-1}ax = a^{-1}b$, es decir $1x = a^{-1}b$, y por tanto $x = a^{-1}b$.

$\square$

3.4.3   Ejemplo: El cuerpo de los números reales $(R, +, \cdot)$

El lector habrá observado que los axiomas de un cuerpo forman parte de la axiomática para construir en Análisis el cuerpo de los reales $\mathbb{R}$, y desarrollar sus propiedades. Las propiedades demostradas para un cuerpo son ampliamente utilizadas en $\mathbb{R}$ y también en el conjunto de los racionales, porque también $(\mathbb{Q}, +, \cdot)$ es un cuerpo. El inverso de un real a, no nulo, se representa también como $\frac{1}{a}$. Por tanto la solución de la ecuación $ax = b$, también se escribe $\frac{1}{a} \cdot b$. Por otra parte, si $\frac{b}{a}$ es una fracción distinta de cero, entonces su inversa es bien sabido que es $\frac{a}{b}$ (En efecto, $\frac{a}{b} \cdot \frac{b}{a} = 1$).

Una interpretación de la propiedad (d) anterior es que los factores (distintos de 0) de una ecuación pueden cambiar de miembro en la ecuación con tal de pasar "dividiendo". Otra consecuencia es la interpretación de la división de números reales: el cociente $\frac{b}{a}$, con $a \neq 0$, es en realidad el producto $b \cdot a^{-1}$.

3.4.4 El cuerpo de los números complejos $(\mathbb{C}, +, \cdot)$

Definimos en el conjunto de los complejos una segunda ley llamada producto, como sigue:

$$(a + bi) \cdot (c + di) = (ac - bd) + (ad + bc)i$$

Se deja al lector (Problema P3.4 verificar que de esta manera $(\mathbb{C}, +, \cdot)$ es un cuerpo, donde $0 + 0i$ (el número real 0) es el elemento neutro de la suma, y $1 + 0i$ (el número real 1) es el neutro del producto. Además, el inverso (simétrico respecto el producto) del complejo, no nulo, $a + bi$ es el complejo $\frac{a-bi}{a^2+b^2}$.

3.4.5 $(\mathbb{R}+, \cdot)$ es un subcuerpo de $(\mathbb{C}+, \cdot)$

La prueba de que $(\mathbb{R}+, \cdot)$ es un subcuerpo de $(\mathbb{C}+, \cdot)$ podría hacerse siguiendo pasos análogos a la Sección 3.2.21, pero definiendo ahora el concepto de homomorfismo entre anillos o cuerpos. En lugar de ello, que no aportaría muchas novedades, lo haremos como sigue:

Como ya sabemos, podemos escribir $\mathbb{R} = \{a + 0i : a \in \mathbb{R}\}$. Consideremos sobre este conjunto $\mathbb{R}$ el producto definido en $\mathbb{C}$. Por tanto, $(a + 0i) \cdot (c + 0i) = a \cdot c + (a0 + 0c)i = ac + 0i$, lo cual se traduce en que el producto de los reales a y c al ser considerados complejos y multiplicados como complejos, dan como resultado el complejo $ac + 0i$, que es, en definitiva, el número real $a \cdot c$ (como esperábamos). Así, $(\mathbb{R}+, \cdot)$ con las leyes suma y producto definidos para complejos es un anillo unitario conmutativo, dado que la suma y el producto sobre $\mathbb{R}$, resultan ser las habituales sobre los números reales. Sólo nos resta ver que cualquier real no nulo, tiene inverso en $\mathbb{R}$, respecto el producto definido para complejos. En efecto, si $a \in \mathbb{R}$ y $a \neq 0$, el inverso de $a + 0i$ es el complejo $\frac{a-0i}{a^2}$ que podemos escribir $\frac{a}{a^2} - 0i = \frac{1}{a} - 0i$; en definitiva el inverso de a, respecto el producto en $\mathbb{C}$, es $\frac{1}{a}$ que se encuentra en $\mathbb{R}$. Por tanto $(\mathbb{R}, +, \cdot)$ con respecto a la suma y producto dados en $\mathbb{C}$, es un cuerpo, y en consecuencia $(\mathbb{R}, +, \cdot)$ es un subcuerpo de $(\mathbb{C}, +, \cdot)$.

Aunque desistamos de más argumentaciones, dejemos constancia que también $(\mathbb{Q}, +, \cdot)$ es un subcuerpo de $(\mathbb{R}, +, \cdot)$. Por tanto, se tiene $(\mathbb{Q}, +, \cdot) \subset (\mathbb{R}, +, \cdot) \subset (\mathbb{C}, +, \cdot)$.

3.4.6 El anillo de los cuaterniones

Es habitual exigir en la axiomática de un cuerpo, que la ley producto sea conmutativa (y así lo hemos hecho nosotros). Algunos autores, no exigen esta conmutatividad, pero ¿existen ejemplos de "cuerpos" donde la ley producto no sea conmutativa?. Lo cierto es que se conoce una estructura en donde se verifican todas los axiomas de cuerpo excepto la conmutatividad del producto, conocida como el anillo de los cuaterniones, que no estudiaremos aquí.

3.5 ESPACIOS VECTORIALES

Hasta ahora hemos hablado de leyes internas en un conjunto, pero en Enseñanza Secundaria aparece con frecuencia una estructura que requiere del siguiente concepto, que particularizaremos para $\mathbb{R}^2$.

3.5.1 Ley externa

Sea G un conjunto no vacío. A toda aplicación $f : \mathbb{R} \times G \to G$ se la denomina ley externa de $\mathbb{R}$ en G (o sobre G). En la actualidad es usual nombrarla como una ley producto y suele escribirse $\alpha \circ x$, o $\alpha \cdot x$, en lugar de escribir $f(\alpha, x)$, y suele omitirse entre letras.

3.5.2 Ejemplos de leyes externas

(a) Producto de real por polinomio. Sea $P_n(x)$ el conjunto de polinomios de grado menor o igual que n, en la letra x, con coeficientes reales. Entonces, el producto de un real α por un polinomio $p(x) = a_0 + a_1 x^1 + a_2 x^2 + \cdots + a_n x^n$, definido de manera que $\alpha(a_0 + a_1 x^1 + a_2 x^2 + \cdots + a_n x^n) = \alpha a_0 + \alpha a_1 x^1 + \alpha a_2 x^2 + \cdots + \alpha a_n x^n$, es una ley externa de $\mathbb{R}$ en $P_n(x)$, pues los coeficientes αa_i donde $i = 0, 1, 2, \ldots, n$, son números reales.

(b) Producto de real por complejo. Se define el producto de un real α por un complejo $z = a + bi$ como $\alpha z = \alpha(a + bi) = \alpha a + \alpha bi$. Este producto es una ley externa de $\mathbb{R}$ en $\mathbb{C}$. En la práctica este producto se denota con un punto, y entre letras suele omitirse. Es fácil verificar, que el producto de un real por un complejo coincide con el producto usual de complejos, al considerar α como un complejo (En efecto: $(\alpha + 0i) \cdot (a + bi) = \alpha a - 0b + (0 \cdot a + \alpha b)i = \alpha a + \alpha bi$). Por tal razón el producto de un real por un complejo, se realiza de manera habitual, como se ha definido arriba.

3.5.3 Espacio vectorial real

Sea $(V, +)$ un grupo abeliano, con neutro $\mathbf{0}$ y donde denotamos por $-x$ el opuesto de x. Se define una ley externa $\mathbb{R} \times V \to V$, que se denota por un círculo $\circ$ que cumple los siguientes axiomas:

(1) $\alpha \circ (\beta \circ \mathbf{v}) = (\alpha \cdot \beta) \circ \mathbf{v}$

(2) $(\alpha + \beta) \circ \mathbf{v} = \alpha \circ \mathbf{v} + \beta \circ \mathbf{v}$

(3) $\alpha \circ (\mathbf{u} + \mathbf{v}) = \alpha \circ \mathbf{u} + \alpha \circ \mathbf{v}$

(4) $1 \circ \mathbf{v} = \mathbf{v}$

La estructura así construida se denomina **espacio vectorial** $(V, +)$ sobre el cuerpo de los reales, o simplemente se dice que V es un **espacio vectorial real**. A los elementos de V se les denomina *vectores* (en Física se les suele superponer una flecha), y nosotros los escribiremos en negrita y a los elementos de $\mathbb{R}$ les llamaremos *escalares*, y generalmente se nombran con letras griegas.

Observación. Como hemos avanzado en secciones anteriores, el significado de $+$ está contextualizado. Así, $+$ simboliza suma de reales y suma de vectores en (2); En (3) $+$ es suma de vectores. La ley exterior acaba denotándose con un punto y entre letras suele suprimirse.

3.5.4 Ejemplos de espacios vectoriales

(a) El espacio vectorial $(\mathbb{R}^2, +)$. Generalización a $(\mathbb{R}^n, +)$.

Sean $\mathbf{a} = (a_1, a_2)$ y $\mathbf{b} = (b_1, b_2)$ elementos de $\mathbb{R}^2$ y sea $\lambda \in \mathbb{R}$. Definimos la siguiente ley interna, $+$, denominada suma, en $\mathbb{R}^2$

$$\mathbf{a} + \mathbf{b} = (a_1, a_2) + (b_1, b_2) = (a_1 + b_1, a_2 + b_2)$$

Vimos en (a) de la Sección 3.2.15 que $(\mathbb{R}^2, +)$ es un **grupo conmutativo**.

Definimos ahora una ley externa $\cdot : \mathbb{R} \times \mathbb{R}^2 \to \mathbb{R}^2$ como sigue:

$$\lambda \cdot (a_1, a_2) = (\lambda \cdot a_1, \lambda \cdot a_2)$$

Es fácil verificar que esta ley cumple las anteriores cuatro propiedades (1)-(4), por lo que $(\mathbb{R}^2, +)$ es un espacio vectorial real.

El anterior ejemplo se generaliza a $\mathbb{R}^n$ de manera obvia como sigue.

Sean $a = (a_1, a_2, \ldots, a_n)$ y $b = (b_1, b_2, \ldots, b_n)$ elementos de $\mathbb{R}^n$ y sea $\lambda \in \mathbb{R}$. Definimos la siguiente ley interna, $+$, denominada suma, en $\mathbb{R}^n$:

$$a + b = (a_1, a_2, \ldots, a_n) + (b_1, b_2, \ldots, b_n) = (a_1 + b_1, a_2 + b_2, \ldots, a_n + b_n).$$

Esta ley es asociativa y conmutativa. Además $(0, 0, \ldots, 0)$, denominado elemento nulo, y denotado $\mathbf{0}$, es el neutro de la suma (es decir $a + 0 = 0 + a = a$, para cualquier $a \in \mathbb{R}^n$). Todo elemento a tiene su opuesto, se escribe $-a$, que es $(-a_1, -a_2, \ldots, -a_n)$. Por todo ello $(\mathbb{R}^n, +)$ es un **grupo conmutativo**.

Definimos ahora una ley externa $\cdot : \mathbb{R} \times \mathbb{R}^n \to \mathbb{R}^n$ como sigue:

$$\lambda \cdot (a_1, a_2, \ldots, a_n) = (\lambda \cdot a_1, \lambda \cdot a_2, \ldots, \lambda \cdot a_n).$$

Esta ley cumple las anteriores cuatro propiedades (véase Ejercicio E3.11 (b)). Así pues, $(\mathbb{R}^n, +)$ es un espacio vectorial real.

(b) El espacio vectorial $(P_1(x), +)$ del conjunto de polinomios de grado menor o igual que 1, en la letra x, con coeficientes reales.

Sabemos que $(P_1(x), +)$ es un grupo abeliano (véase Sección 3.2.15). Consideremos ahora el producto de un número real α por el polinomio $p(x) = a_0 + a_1 x$, definido como se ha hecho en la Sección 3.5.2, es decir $\alpha p(x) = \alpha a_0 + \alpha a_1 x$. Se deja como ejercicio verificar que se cumplen los 4 axiomas de los espacios vectoriales, con respecto la ley externa.

(c) El espacio vectorial de los complejos $(\mathbb{C}, +)$, sobre el cuerpo de los reales $(\mathbb{C}, +)$

Sabemos que (Sección 3.2.15) que $(\mathbb{C}, +)$ es un grupo abeliano. Consideremos ahora el producto de un real α por el complejo $z = a + bi$, definido como se ha hecho en la Sección 3.5.2, es decir $\alpha z = \alpha a + \alpha bi$. Se deja como ejercicio verificar que se cumplen los 4 axiomas de los espacios vectoriales, con respecto la ley externa.

3.5.5   Sobre estructuras parecidas

Si el lector observa las estructuras de los espacios vectoriales reales $(P_2(x), +)$, $(\mathbb{C}, +)$ y $(\mathbb{R}^2, +)$, tendrá la impresión de que son iguales, salvo en la notación. Ello es cierto, pero para llegar a la conclusión de que son el mismo, no basta la intuición, es necesario formalizarlo algebraicamente y establecer qué significa ser el mismo espacio. Seguiremos para ello un camino similar al de la Sección 3.2 para identificar grupos mediante homomorfismos, pero en este caso hay que tener en cuenta que ahora disponemos además de una ley externa. Pasemos pues a definir el concepto de aplicación lineal.

3.5.6 Aplicación lineal

Sean $(V, +)$ y $V', +)$ dos espacios vectoriales reales. Se dice que una **aplicación** $f : V \to V'$ es **lineal** si para cualesquiera $\boldsymbol{x}, \boldsymbol{y} \in V$, y $\alpha, \beta \in \mathbb{R}$ se verifica:

L1: $f(\boldsymbol{x} + \boldsymbol{y}) = f(\boldsymbol{x}) + f(\boldsymbol{y})$

L2: $f(\alpha\boldsymbol{x}) = \alpha f(\boldsymbol{x})$

o, equivalentemente, LI: $f(\alpha\boldsymbol{x} + \beta\boldsymbol{y}) = \alpha f(\boldsymbol{x}) + \beta f(\boldsymbol{y})$

Si f es lineal se tienen las siguientes propiedades inmediatas.

3.5.7 Propiedades

(a) $f(\alpha_1\boldsymbol{x}_1 + \cdots + \alpha_n\boldsymbol{x}_n) = \alpha_1 f(\boldsymbol{x}_1) + \cdots + \alpha_n f(\boldsymbol{x}_n)$, $\alpha_i \in \mathbb{R}$, $\boldsymbol{x}_i \in V$.

(b) $f(\boldsymbol{0}) = \boldsymbol{0}$

(c) $f(-\boldsymbol{x}) = -f(\boldsymbol{x})$, $\forall \boldsymbol{x} \in V$.

3.5.8 Ejemplos de aplicaciones lineales

Es inmediato que la **aplicación identidad** $I : V \to V$ definida por $I(\boldsymbol{x}) = \boldsymbol{x}$ para $\boldsymbol{x} \in V$, y la **aplicación nula** $\mathbf{O} : V \to V'$ definida por $\mathbf{O}(\boldsymbol{x}) = \boldsymbol{0}$ para $\boldsymbol{x} \in V$, son lineales.

Las funciones circulares no son lineales. Por ejemplo, la función circular sen $: \mathbb{R} \to \mathbb{R}$ no verifica, en general, $\mathrm{sen}(x + y) = \mathrm{sen}\,x + \mathrm{sen}\,y$.

3.5.9 Proposición

La composición de aplicaciones lineales es lineal.

Demostración. Sean $(V, +), (V', +)$ y $(V'', +)$ espacios vectoriales reales. Sean $f : (V, +) \to (V', +)$ y $g : (V', +) \to (V'', +)$ aplicaciones lineales. Entonces, si $x, y \in V$, aplicando sucesivamente la linealidad de f y g, se tiene

$$
\begin{aligned}
(g \circ f)(x + y) &= g(f(x + y) = g((f(x) + f(y)) = \\
&= g(f(x)) + g(f(y)) = (g \circ f)(x) + (g \circ f)(y)
\end{aligned}
$$

También:

$$(g \circ f)(\alpha x) = g(f(\alpha x) = g(\alpha f(x)) = \alpha g(f(x)) = \alpha(g \circ f)(x)$$

$\square$

3.5.10   Proposición

Si $f : V \to V'$ es un isomorfismo, también lo es $f^{-1} : V' \to V$.

Demostración.

Solamente hay que probar que f^{-1} es lineal. En efecto: Sean $y_1, y_2 \in V'$, entonces existen $x_1, x_2 \in V$ de manera que $f(x_1) = y_1$ y $f(x_2) = y_2$. Por definición de f^{-1} y la linealidad de f se tiene que $f^{-1}(y_1 + y_2) = f^{-1}(f(x_1) + f(x_2)) = f^{-1}(f(x_1 + x_2)) = x_1 + x_2 = f^{-1}(y_1) + f^{-1}(y_2)$.

También, si $y \in V'$ y suponemos que $f(x) = y$, entonces $f^{-1}(\alpha y) = f^{-1}(\alpha f(x)) = f^{-1}(f(\alpha x)) = \alpha x = \alpha f^{-1}(y)$.   □

3.5.11   Espacios isomorfos

Una aplicación lineal biyectiva entre espacios vectoriales $f : (V, +) \to (V', +)$, se denomina **isomorfismo** (entre espacios vectoriales), y entonces se dice que V y V' son **isomorfos** y se escribe $(V, +) \approx (V', +)$ o simplemente $V \approx V'$. En tal caso, también $V' \equiv V$, por la proposición anterior.

Por la Proposición 3.5.9 si $V \approx V'$ y $V' \approx V''$ entonces, es obvio que $V \approx V''$.

A continuación formalizaremos el hecho de que los tres espacios vectoriales anteriores $(\mathbb{R}^2, +)$, $(P_1(x), +)$ y $(\mathbb{C}, +)$, son en realidad el mismo (sólo difieren en la manera de nombrar a sus elementos), o con rigor matemático, son isomorfos.

3.5.12   Proposición

$(\mathbb{R}^2, +)$, $(P_1(x), +)$ y $(\mathbb{C}, +)$ son isomorfos.

Demostración

Veamos que $(\mathbb{R}^2, +) \approx (P_1(x), +)$.

La aplicación $f : (\mathbb{R}^2, +) \to (P_1(x))$ definida por $f(a, b) = a + bx$ es biyectiva, pues la correspondencia inversa $f^{-1}(a + bx) = (a, b)$, es una aplicación. Además f es homomorfismo pues $f((a, b) + (c, d)) = f(a + c, b + d) = a + c + (b + d)x = a + bx + (c + dx) = f(a, b) + f(c, d)$.

Sólo nos resta ver que se cumple el segundo axioma de las aplicaciones lineales. En efecto, se tiene: $f(\alpha(a, b)) = f(\alpha x, \alpha b) = \alpha a + \alpha bx = \alpha(a + bx) = \alpha f(a, b)$.   □

Utilizando un razonamiento similar se puede probar que la aplicación $f : (P_1(x), +) \to (\mathbb{C}, +)$ dada por $f(a + bx) = a + bi$ es un isomorfismo entre espacios vectoriales. De hecho, desde un punto de vista formal, y en cuanto a la operación suma y producto (de escalar por complejo), sólo se ha cambiado la letra x por la letra i.

En consecuencia, $(\mathbb{R}^2, +)$, $(P_1(x), +)$ y $(\mathbb{C}, +)$ son isomorfos.

3.5.13 El espacio vectorial $(V_2, +)$ de vectores libres de $\mathbb{R}^2$

En Física una fuerza, se define como una magnitud vectorial y se representa por medio de un vector orientado $\vec{F}$ de manera que su origen, digamos O, es el punto de aplicación de la fuerza, y con su extremo (afijo), acabado en flecha, que define la dirección y orientación, de dicha fuerza, de manera obvia. Además, la intensidad o módulo $|\vec{F}|$ de la fuerza $\vec{F}$, viene dada por la longitud del vector, de manera que a doble longitud le corresponde doble intensidad de fuerza, por ejemplo.

El estudio de la fuerza resultante sobre un punto que ejercen varias fuerzas puede hacerse mediante los vectores orientados que definen dichas fuerzas, cuando de forma equivalente, se trasladan a un punto común. Cuando un vector puede ser trasladado al origen O, sin modificar su módulo, dirección y sentido, se dice que es un vector libre. Obsérvese que un vector libre representa a una "infinidad" de vectores de $\mathbb{R}^2$ de igual longitud, dirección y sentido, lo que se conoce como una clase de equivalencia (concepto no definido aquí). En lo que sigue nuestros vectores son libres y tienen origen en O y afijo cualquier punto del plano cartesiano $\mathbb{R}^2$.

Para conocer la resultante de dos fuerzas concurrentes en el mismo punto O, se aplican dos leyes de la Estática:

Ley 1: La resultante de dos fuerzas concurrentes en O, de distinta dirección, es el vector orientado con origen O, y cuyo extremo es la diagonal del paralelogramo que se puede construir con los dos vectores dados.

Ley 2: La resultante de dos fuerzas de igual dirección con origen en O es otro vector con origen O y de manera que la dirección y sentido corresponde a la orientación del de mayor longitud y cuya longitud (módulo) es la diferencia en valor absoluto de las longitudes de los vectores (Para los amantes del Análisis, les invitamos que a deduzcan la Ley 2 de la Ley 1, con un paso al límite, cuando el ángulo que forman los vectores (no nulos) se acerca a 0° o 180°).

Las magnitudes vectoriales se presentan no sólo para medir fuerzas, sino en otros muchos contextos de la Ciencia, como velocidad, aceleración, intensidad de campo eléctrico, ... y también en contextos matemáticos. Por ello, adoptaremos la terminología más general, que se usa en matemáticas, y así los vectores se nombrarán con letras latinas, en negrita, y sin flecha. En vez de módulo del vector $\vec{F}$, usaremos la denominación de norma del vector v, que escribiremos $||v||$. En los párrafos que siguen el lector hará uso de las dos leyes mencionadas para fuerzas, pero ahora referidas con carácter general, al conjunto de vectores libres de $\mathbb{R}^2$, denotado V_2, que tendrán origen en el centro de coordenadas O del plano cartesiano.

Cuando a dos vectores u y v de V_2 se les aplica las leyes anteriores, dan lugar a un vector único. Además, es evidente que por construcción geométrica se tiene que $u + v = v + u$.

La aplicación de la Ley 1, llevada a la práctica, se puede ejecutar de manera equivalente, ver Figura 3.1 izquierda, poniendo el vector v a continuación del vector u manteniendo la dirección, sentido y módulo de v, y de manera que el origen ahora de v sea el extremo de u. El vector suma $u + v$ es el vector de origen O y afijo el extremo de v. Esta interpretación geométrica es interesante porque permite sumar 3 o más vectores, con tal de *concatenar* sucesivamente un vector tras otro. Con ello, es ahora obvio que $(u + v) + w = u + (v + w)$.

Por fuerza nula 0, entendemos una fuerza de módulo cero (única) y por tanto su dirección y sentido, puede ser, por intereses teóricos, cualesquiera. De esta forma $0 + v = v$, para cualquiera que sea v concurrente en O, según la Ley 2. Acabamos de declarar que 0 es el elemento neutro de la suma de vectores (libres en Física). Dado el vector v no nulo, podemos hallar el vector escrito $-v$, denominado opuesto a v, de manera que tenga el mismo módulo y orientación que v pero de sentido contrario; entonces, por aplicación de la ley 2, $v + (-v) = 0$. Con ello, acabamos de demostrar que el conjunto de vectores libres V_2 del plano con la suma definida, a través de las dos Leyes de la Estática, constituyen un grupo abeliano.

Definimos ahora el producto de un escalar λ por un vector v de V_2 de manera que λv es un vector de igual dirección y sentido que v y con módulo $|\lambda|\,|v|$. Si $\lambda > 0$, entonces λv tiene el sentido de v, y sentido contrario si $\lambda < 0$ (véase Figura 3.1 derecha). Por la definición de producto por un escalar $0 \cdot v$ es el vector 0.

Acabamos de definir una ley externa $R \times V_2 \rightarrow V_2$, utilizando conceptos de geometría (longitud, dirección, sentido). El lector puede probar, usando construcciones (con regla y compás) y propiedades geométricas (teorema de Tales y proporciones) que se verifican los cuatro axiomas de la ley externa (producto de real por vector), que confiere a V_2 de estructura de espacio vectorial. Este método geométrico formal es válido, pero tiene un problema intrínseco, a la hora de llevarlo a la práctica para casos concretos, dado que no tenemos procedimiento geométrico alguno que permita dibujar a la vez números fraccionarios y números trascendentes. Este problema se puede superar, si somos capaces de interpretar algebraicamente la suma de vectores y el producto de escalar por vector, como pasamos a ver a continuación.

3.5.14 Interpretación geométrica de la suma de vectores y producto por escalar

Como los vectores tienen todos origen en O, no hay problema alguno en afirmar que un vector $\boldsymbol{v}$ viene definido por su afijo (a, b), y por tanto nombrar $\boldsymbol{v} = (a, b)$. Consideremos ahora los vectores $\boldsymbol{u} = (4, 1)$ y $\boldsymbol{v} = (2, 3)$. Según la Ley 1, para sumar ambos vectores construimos el paralelogramo de la Figura 3.1 (izquierda), y se obtiene $\boldsymbol{u} + \boldsymbol{v} = (6, 4)$. Ahora que el lector ha observado la construcción del paralelogramo, debe escribir de manera general los vectores $\boldsymbol{u} = (a, b)$ y $\boldsymbol{v} = (c, d)$ y observar que los dos triángulos sombreados en la Figura 3.1 (derecha) son iguales, por lo que el afijo de $\boldsymbol{u} + \boldsymbol{v}$ es $(a + c, b + d)$. Así pues, de la definición física (geométrica) de suma en V_2, se concluye finalmente que $(a, b) + (c, d) = (a + c, b + d)$.

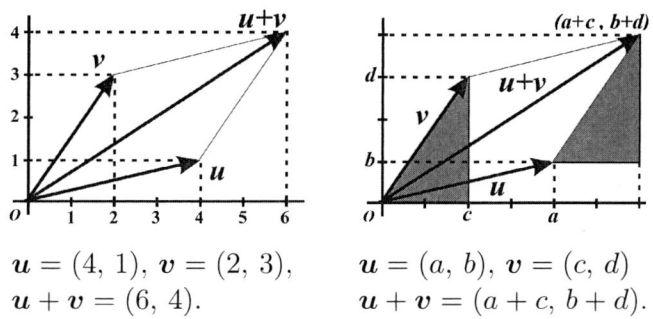

$$\boldsymbol{u} = (4,\ 1),\ \boldsymbol{v} = (2,\ 3), \qquad \boldsymbol{u} = (a,\ b),\ \boldsymbol{v} = (c,\ d)$$
$$\boldsymbol{u} + \boldsymbol{v} = (6,\ 4). \qquad \boldsymbol{u} + \boldsymbol{v} = (a + c,\ b + d).$$

Figura 3.1: Interpretación geométrica de la suma de vectores.

La representación geométrica del producto del escalar por el vector v, la abordamos de manera general:

Sea $\boldsymbol{v} = (a, b)$ y supongamos por sencillez que $\lambda > 0$. Por la Ley 2, se ha de verificar que $\lambda \cdot \boldsymbol{v}$ está en la dirección y sentido de $\boldsymbol{v}$ y su norma (longitud) ha de satisfacer $\|\lambda \cdot \boldsymbol{v}\| = \lambda \cdot \|\boldsymbol{v}\|$. Llamemos (A, B) a las coordenadas del afijo del vector resultante $\lambda \cdot \boldsymbol{v}$. Atendiendo a la Figura 3.2 y por aplicación del teorema de Tales se tiene: $\frac{\lambda \cdot \|\boldsymbol{v}\|}{B} = \frac{\|\boldsymbol{v}\|}{b}$ y $\frac{\lambda \cdot \|\boldsymbol{v}\|}{A} = \frac{\|\boldsymbol{v}\|}{a}$, y en consecuencia $A = \lambda \cdot a$ y $B = \lambda \cdot b$, es decir $\lambda \cdot (a, b) = (\lambda \cdot a, \lambda \cdot b)$. (Se deja al lector que haga la pertinente construcción geométrica para $\lambda < 0$).

Acabamos de demostrar con métodos geométricos que la suma de vectores de V_2 y el producto de un escalar λ por un vector de V_2, coinciden

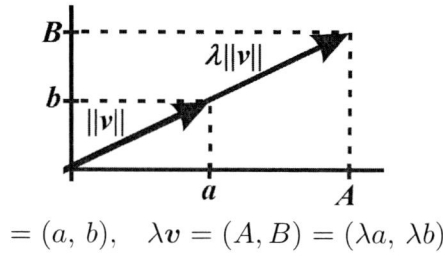

$$v = (a,\ b),\quad \lambda v = (A, B) = (\lambda a,\ \lambda b)$$

Figura 3.2: Interpretación geométrica del producto de escalar por vector.

con las definiciones algebraicas de (a) de la Sección 3.5.4, del espacio vectorial $(\mathbb{R}^2, +)$. Por tanto, el lector está legitimado para afirmar que $(V_2, +)$ es un espacio vectorial real. En este caso, el álgebra nos ha ayudado a concluir que $(V_2, +)$ es un espacio vectorial, de manera más sencilla que con las apropiadas argumentaciones geométricas, que deberíamos de hacer para llegar a tal fin.

3.5.15 $(V_2, +)$ es isomorfo a $(\mathbb{R}^2, +)$

Cualquier vector v de V_2 esta caracterizado por su afijo (a, b), y en consecuencia la aplicación $f : V_2 \to \mathbb{R}^2$ que a $v = (a, b)$ le hace corresponder el punto (a, b) de $\mathbb{R}^2$ es obviamente biyectiva (por tratarse de la aplicación "identidad"). Además, hemos visto que la suma de vectores de V_2 coincide con la suma en $\mathbb{R}^2$, y lo mismo sucede con el producto de un escalar por un vector. En consecuencia, obviamente (se dejan los detalles para el lector) f es una aplicación lineal y por tanto f es un isomorfismo y así $(V_2, +) \approx (\mathbb{R}^2, +)$.

3.5.16   Algunos comentarios sobre los espacios isomorfos $(\mathbb{R}^2, +)$, $(P_1(x), +)$, $(\mathbb{C}, +)$ y $(V_2, +)$

Hemos visto que los cuatro espacios vectoriales $(\mathbb{R}^2, +)$, $(P_1(x), +)$, $(\mathbb{C}, +)$ y $(V_2, +)$ son isomorfos, lo que nos indica que para la estructura de espacio vectorial, son indistinguibles, salvo notación. En principio, debemos reseñar que cuando se ha estudiado de manera abstracta la estructura de espacio vectorial, al espacio objeto de estudio, se le aplica de manera inmediata todas las propiedades de espacio vectorial. De no haberse estudiado la estructura abstracta, es necesario demostrar cada una de las propiedades en cada contexto y esa es la manera con que se procede en diversas ramas de la ciencia. La pregunta natural es porqué se estudian de manera separada, ignorando el hecho de que son isomorfos. La respuesta es, que cada estructura por separado está definida para elaborar teorías distintas. Apuntemos algunas a continuación.

El estudio de los polinomios de cualquier grado, digamos $P(x)$, con la suma de polinomios y producto de escalar por polinomio es un espacio vectorial. El lector sabe que para dos polinomios $p(x)$ y $q(x)$ de $P(x)$ está definido su producto (como ley interna) $p(x) \cdot q(x)$, y este producto está ligado al estudio en Análisis Matemático de las funciones polinómicas y de series de potencias. Este producto no guarda relación alguna con productos internos de las otras tres estructuras. Ahora bien, a nivel teórico conviene resaltar que el producto de polinomios no es ley cerrada en $(P_1(x), +)$. (En efecto, el producto de dos polinomios de grado 1 no es de grado 1).

La estructura de espacio vectorial de $(\mathbb{C}, +)$ se suele representar geométricamente en el plano $\mathbb{R}^2$ y se puede confundir con las estructuras de $\mathbb{R}^2$ y V_2. De hecho, dado el complejo $a + bi$, éste se representa también en forma de vector en $\mathbb{R}^2$ o V_2, con origen en O y afijo (a, b). A la longitud del complejo $z = a + bi$ se le denomina módulo del complejo z y se escribe $||z||$. Cuando se describe un complejo por medio del vector que lo representa (como acontece con los vectores de V_2) adquiere la conocida expresión polar del complejo z que es $z \equiv r_\alpha$ donde $r = ||z||$ y α es el ángulo que forma el eje OX con el vector z, medido en sentido contrario a las agujas del reloj. Con ayuda de la trigonometría se llega a una interesante expresión trigonométrica del complejo z, a saber $z = ||z|| \cdot (\cos\alpha + i \operatorname{sen}\alpha)$, donde i es la unidad imaginaria. Pero la mayor importancia de la teoría de complejos, se encuentra de una parte, en el hecho de que con la segunda ley es un cuerpo, que contiene a los reales, y este cuerpo es completo, es decir: cualquier función polinómica en x de grado n con coeficientes reales, tiene n soluciones (contando su orden de multiplicidad) en $\mathbb{C}$. El otro gran interés estriba en el hecho de que la función e^z cuando z es complejo, es la función más importante del Análisis (del desarrollo de $e^{i\alpha}$ se obtienen los desarrollos en *serie de potencias* de las funciones trigonométricas, seno y coseno).

Los espacios vectoriales $(\mathbb{R}^2, +)$ y $(V_2, +)$ se utilizan en un mismo contexto, en muchas ocasiones. La diferencia estriba en los datos que se dan y los que se solicitan. En cualquier caso, si el vector $\boldsymbol{v}$ de V viene dado por su norma, dirección y sentido, es fácil obtener su afijo (a, b) en $\mathbb{R}^2$ con tal de tener en cuenta las sencillas relaciones trigonométricas $a = r\cos\alpha$ y $b = r\operatorname{sen}\alpha$, donde, como en el caso de los complejos, α es el ángulo que forma el vector v con el semieje positivo OX, medido en sentido contrario a las agujas del reloj y $r = ||\boldsymbol{v}||$ (véase Figura 3.3). Recíprocamente, conocido el vector (a, b) de $\mathbb{R}^2$, con una sencilla relación Pitagórica se obtiene su norma $(a^2 + b^2)^{\frac{1}{2}}$ mientras que la dirección y sentido vienen definidos por el ángulo α que se conoce a través de $\tan\alpha = \frac{b}{a}$. El lector debe saber que en Física, la atracción por la fuerza de gravedad de dos cuerpos, repulsión o atracción de dos cargas eléctricas puntuales, etc. vienen dada por fórmulas que corresponden a la norma del vector fuerza correspondiente, y que el efecto de atracción o repulsión, entre dos puntos, define la dirección y sentido (según la resultante). En tales casos, puede resultar ventajoso trabajar con vectores de V_2.

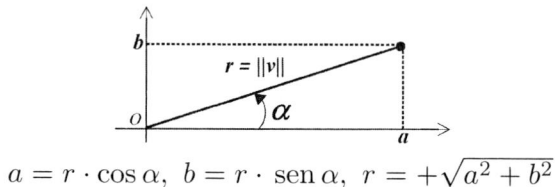

$$a = r \cdot \cos \alpha, \ \ b = r \cdot \operatorname{sen} \alpha, \ \ r = +\sqrt{a^2 + b^2}$$

Figura 3.3: Relación trigonométrica de las coordenadas de un vector.

En $\mathbb{R}^2$ o V_2 se puede definir un producto escalar, que no es ningún tipo de producto definido hasta ahora; de hecho, como su nombre indica, el resultado es un número real. Este producto es el que permite posteriormente tratar aspectos métricos entre vectores (ángulos y distancias) en $\mathbb{R}^2$.

3.6   EJERCICIOS PROPUESTOS

E3.1 Demuéstrese que la ley $*$ definida en $\mathbb{N}$ de manera que $a * b = 2a + b$ es lci en $\mathbb{N}$, pero no es asociativa.

E3.2 Demuéstrese que la expresión $a * b = a + b + 3$, donde a, b son impares, es lci asociativa en el conjunto de los números impares $G = \{1, 3, 5, \dots\}$. ¿Existe neutro para $*$ en G?

E3.3 Definimos en $2\mathbb{Z} = \{\dots, -4, -2, 0, 2, 4, \dots\}$ la ley $a * b = a + b - 2$, para cualesquiera $a, b \in 2\mathbb{Z}$. Probar que $(2\mathbb{Z}, *)$ es un grupo abeliano.

E3.4 Considérese sobre el conjunto de los números reales positivos $\mathbb{R}^+$, la ley producto usual $(\cdot)$ de números reales. Demuéstrese que $(R^+, \cdot)$ es un grupo abeliano, utilizando las consabidas propiedades del producto en $\mathbb{R}$.

Para los dos siguientes ejercicios, el lector puede construir una tabla de Cayley (véase Problema P3.5).

E3.5 Considérese sobre el conjunto $G = \{1, -1\}$, la ley producto usual $(\cdot)$ de números reales. Demuéstrese que $(G, \cdot)$ es un grupo abeliano, utilizando las consabidas propiedades del producto en $\mathbb{R}$. (El grupo conmutativo de las permutaciones de orden 2).

E3.6 (*El grupo conmutativo de las permutaciones de orden dos*) Sea el conjunto $A = \{1, 2\}$. Considérese el conjunto $\mathfrak{B}$ de las aplicaciones biyectivas en A. demuéstrese que con la ley de composición de aplicaciones o en $\mathfrak{B}$, se tiene que $(\mathfrak{B}, \circ)$ es un grupo abeliano.

E3.7 Demuéstrese que $\mathbb{R}^3$ con la ley suma definida por $(x_1, x_2, x_3) + (y_1, y_2, y_3) = (x_1 + y_1, x_2 + y_2, x_3 + y_3)$, es un grupo abeliano, de neutro (0,0,0), y donde el opuesto de (a, b, c) es $(-a, -b, -c)$.

E3.8 Dese dos aplicaciones biyectivas f y g, de $[0, 1]$ en $[0, 1]$, donde $f \circ g \neq g \circ f$.

E3.9 Pruébese que si $f : (G, *) \to (H, \mathcal{L})$ es un isomorfismo entre grupos, entonces $f^{-1} : (H, \mathcal{L}) \to (G, *)$, también es un isomorfismo.

E3.10 Pruébese que la composición $g \circ f$ de los homomorfismos entre grupos $f : (G, +) \to (H, *)$ y $g : (H, *) \to (T, \mathcal{L})$ es un homomorfismo $g \circ f : (G, +) \to (T, \mathcal{L})$ (Como consecuencia de ello, la composición de isomorfismos es un isomorfismo).

E3.11 (a) Demuéstrese que en $(P_1(x), +)$, el producto de un real por un polinomio verifica los cuatro axiomas de espacio vectorial.

(b) Idem, para la ley externa $\mathbb{R} \times \mathbb{R} \to \mathbb{R}$ dada por $\lambda(a_1, a_2, \ldots, a_n) = (\lambda a_1, \lambda a_2, \ldots, \lambda a_n)$.

E3.12 Sea $P(x)$ el conjunto de polinomios en la letra x, con coeficientes reales. Se define en $P(x)$ la ley suma $(a_0 + a_1 x + a_2 x^2 + \cdots + a_m x^m) + (b_0 + b_1 x + b_2 x^2 + \cdots + b_n x^n) = (a_0 + b_0) + (a_1 + b_1)x + (a_2 + b_2)x^2 + \cdots$ y se define la ley producto de escalar (real) α por un polinomio $p(x) = (a_0 + a_1 x + a_2 x^2 + \cdots + a_n x^n)$, dado por $\alpha(a_0 + a_1 x + a_2 x^2 + \cdots + a_n x^n) = \alpha a_0 + \alpha a_1 x + \alpha a_2 x^2 + \cdots + \alpha a_n x^n$. Demuéstrese que $(P(x), +)$ es un espacio vectorial real. Demuéstrese que la ley suma no es cerrada para el subconjunto de los polinomios $Q_2(x)$ de grado 2.

3.7 PROBLEMAS PROPUESTOS

P3.1 Demuéstrese que la expresión infinita decimal $4.999\ldots 9\ldots$, corresponde al número 5 (Sugerencia: utilícese el Axioma de los intervalos encajados).

Generalización: Demuéstrese que los números reales con un número finito de decimales admiten dos expresiones distintas o equivalentemente si la expresión infinita decimal de un número real acaba en la sucesión indefinida $999\ldots$, entonces este número real admite una expresión decimal con un número finito de decimales.

P3.2   (a) Demuéstrese que $\sqrt{2}$ es irracional. (Sugerencia: Pruébese, por reducción al absurdo, que no existe una fracción $\dfrac{a}{b}$, lo más simplificada posible, para expresar $\sqrt{2}$).

      (b) Dos móviles puntuales parten a la vez de un punto A con dirección a B a la misma velocidad, de manera constante recorriendo el trayecto de A hasta B, ida y vuelta ininterrumpidamente. Uno de ellos lo recorre a través de los catetos de longitud 1 como muestra la Figura 3.4, y el otro a través de la hipotenusa. Demuéstrese que nunca se encontrarán.

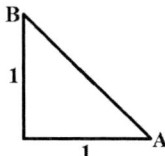

Figura 3.4: Trayectorias de los móviles.

P3.3 Demuéstrese que el conjunto M_2 de las matrices de orden 2, con las leyes $+$ y $\cdot$ definidas en este capítulo, es un anillo unitario.

P3.4 Demuéstrese que el conjunto $\mathbb{C}$ de los complejos con las leyes $+$ y $\cdot$ definidas en este capítulo, es un cuerpo conmutativo.

P3.5 (Tabla de Cayley) En el caso de grupos finitos con pocos elementos, se puede reconocer la estructura de grupo en la denominada tabla de Cayley. La tabla de Cayley es una tabla cartesiana de doble entrada, en la que los elementos de un conjunto B se escriben de arriba a abajo en la izquierda de la tabla y de izquierda a derecha (en el mismo orden) en la parte superior de la tabla. En el interior de la tabla se encuentra la composición $a*b$ de dos elementos de la tabla, según una ley previamente definida, de manera que se lee a a la izquierda y b arriba. Constrúyase la tabla de Cayley para el grupo de las permutaciones $(\mathfrak{B}, \circ)$ del conjunto $A = \{1, 2, 3\}$, con la ley $\circ$ de composición de aplicaciones, mencionado en la Sección 3.2.14.

$\circ$	f_0	f_1	f_2	f_3	f_4	f_5
f_0						
f_1						
f_2						
f_3						
f_4						
f_5						

Indica cómo se identifican en una tabla de Cayley algunos de los axiomas del grupo. ¿Es abeliano el grupo $(\mathfrak{B}, \circ)$?

P3.6 (Propiedades de un álgebra de Boole abstracta). Sea K un conjunto no vacío y sean $+$ y $\cdot$ dos leyes internas en K. Como es usual, mantenemos la jerarquía de $+$ sobre $\cdot$. Decimos que la terna $(K, +, .)$ es un álgebra de Boole (abstracta) si se verifican los siguientes axiomas:

    $+$ y $\cdot$ son asociativas y conmutativas.

$a \cdot (b + c) = a \cdot b + a \cdot c$; $a + (b \cdot c) = a + b \cdot a + c$ (i.e., la suma y el producto son distributivas una respecto la otra)

Existen $0, 1 \in K$ tales que $a + 0 = a$ y $a \cdot 1 = a$, para cualquier $a \in K$ (i.e., 0 es neutro para + y 1 es neutro para ·)

Dado $a \in K$, existe $a' \in K$ tal que $a + a' = 1$ y $a \cdot a' = 0$ (se dice que a' es el complementario de a)

Demuéstrese que se verifican las siguientes propiedades:

(1) Idempotencia de + y ·, es decir $a + a = a$ y $a \cdot a = a$

(2) 1 es absorbente respecto de + y 0 es absorbente respecto ·, es decir $a + 1 = 1$ $a \cdot 0 = 0$

(3) Simplificativas: $a + (a \cdot b) = a$; $a \cdot (a + b) = a$

(4) Unicidad del complementario

(5) Leyes de De Morgan: $(a + b)' = a' \cdot b'$ y $(a \cdot b)' = a' + b'$

(6) $(a')' = a$

(7) $0' = 1$; $1' = 0$

Capítulo 4

TEORÍA DE NÚMEROS

En este capítulo veremos dos aspectos de la teoría de números, y con ello nos referimos, en lo que sigue del capítulo, a enteros positivos, cuyo conjunto se denota $\mathbb{N}^*$, salvo mención explícita. Aunque el tema que tratamos es clásico, durante su exposición, en algunos aspectos, le daremos un tratamiento moderno basado en la teoría de conjuntos. En primer lugar estudiaremos el concepto de divisibilidad entre números, y definiremos el concepto de número primo. Daremos la prueba de Euclides de que el conjunto de los números primos es infinito y demostraremos uno de los resultados más importantes de la Aritmética: La descomposición en factores primos de un número es única. El segundo aspecto a estudiar será alguna técnica de conteo. Estudiaremos la combinatoria elemental, haciendo hincapié en el concepto de número combinatorio que nos será útil para obtener el desarrollo del binomio de Newton. Después, como una continuación de técnicas de conteo, estudiaremos la cardinalidad (número de elementos) de conjuntos no disjuntos. Para ello, utilizaremos el concepto de suma de números naturales que está basado en el hecho de que el cardinal de la unión de conjuntos finitos disjuntos es la suma de cardinales de ambos conjuntos (su fundamentación conjuntista puede verse en [13]).

La estructura del capítulo es como sigue. En la Sección 4.1 se estudia la teoría de divisibilidad, en la Sección 4.2 se estudia la combinatoria elemental y en la Sección 4.3 se estudia el cardinal de la unión de conjuntos finitos.

El lector que desee profundizar en los dos aspectos reseñados puede consultar la obra de Julio Rey Pastor [20], y si desea conocer, combinatoria de carácter superior, como la teoría de Ramsey, que no podemos abordar en este texto, puede consultar [9].

4.1   DIVISIBILIDAD

En esta sección, demostraremos que el conjunto de los números primos es infinito y que todo número se puede descomponer, de manera única, en un producto de factores primos. El primer resultado es de interés histórico y el segundo de gran utilidad en la práctica.

4.1.1   Números primos y números compuestos

Un **número primo** p es aquél que no se puede descomponer como producto de dos factores más pequeños o equivalentemente si tiene solo dos divisores distintos, es decir sus divisores son 1 y p. Los números que se pueden descomponer en producto de dos enteros más pequeños, se denominan **compuestos**. Así, el 5 es un número primo, pero el 6 no lo es, pues 6= 2.3. El número 1 no es compuesto, pero por su comportamiento tan distinto al de los demás números, no se considera primo; de hecho, la definición dada, por conveniencia, lo excluye de número primo, aunque esto carezca de interés, y de hecho algunos autores lo suponen primo (basta definir número primo como aquél cuyos únicos divisores son él mismo y la unidad). Un número se puede ir descomponiendo paso a paso en factores hasta quedar reducido a un producto de números primos. Así 30= 5.6, y como 6 =2.3, entonces 30 = 2.3.5. En el caso de 24 se tendría 24 = 3.8 = 3.2.4 = 3.2.2.2, tres de los cuales son el mismo número primo 2. En el caso de un número primo como el 3 admitiremos que se descompone como "producto de un solo número primo" 3=3. Mediante esta descomposición paulatina en factores, se puede expresar cualquier número, excepto el 1, como producto de números primos, hecho que utilizaremos en el siguiente teorema. (El lector más exigente podrá ver una prueba rigurosa en la Proposición 4.1.22).

Los primeros números primos son 2, 3, 5, 7, 11, 13, 17, 19, 23, 29, 31, 37, ...

A simple vista observamos que la sucesión de números primos no sigue ninguna ley sencilla, y en efecto, la estructura de la sucesión de números primos resulta ser extremadamente complicada, hasta el punto de que no se conoce ninguna manera analítica de saber cuál va a ser el primo inmediato que sigue a otro.

En el libro IX de los Elementos de Euclides se halla planteada y resuelta la cuestión que suscita al tratar de averiguar si la "serie" de los números primos es o no finita. La siguiente demostración que ofreció Euclides de que dicha "serie" es infinita, es ingeniosa y a la vez muy sencilla.

4.1.2 Teorema

La sucesión de los números primos es infinita.

Demostración.

La demostración se basa en probar que dado un número primo cualquiera, siempre existe otro número primo mayor. Sea p un número primo, cualquiera. Indiquemos ahora el producto de todos los números primos anteriores a p sumando al final una unidad para obtener un número q, es decir, $q = 2 \cdot 3 \cdot 5 \cdots p + 1$.

Por construcción, ninguno de los números primos $2, 3, 5, \ldots, p$ divide a q, pues el resto de la división de q por cualquiera de ellos es 1. Si q es un número primo, entonces necesariamente $q > p$. Si q no es primo, es un número compuesto y se podrá descomponer en factores de números primos, que no pueden ser $2, 3, \ldots, p$ y por tanto serán mayores que p. En ambos casos se ha probado la existencia de un primo mayor que p. □

Nota aclaratoria. En primer lugar observemos que a veces se habla de la "serie" de los números primos. En sentido literario no hay nada que objetar, pues se utiliza como sinónimo de sucesión o incluso de un conjunto ordenado de números; pero el término "serie" en matemáticas tiene un significado muy concreto en el Análisis Funcional, motivo por el cual, en Matemáticas es preferible usar el término sucesión de números primos. Existen resultados acerca de cómo construir números primos, pero a menudo existen muchos primos entre aquél que se considera y el proporcionado por la demostración. En nuestro caso, para $p = 5$, en la demostración de Euclides se obtiene $q = 2 \cdot 3 \cdot 5 + 1 = 31$, que en este caso es primo, pero entre 5 y 31 hay otros primos: $7, 11, \ldots, 29$. (Para otras propiedades sobre números primos se sugiere al lector la lectura de [19].

4.1.3 Definición (divisor de un número)

Se dice que el número a divide a b, y se denota $a|b$ si b es múltiplo de a, i.e., existe m de manera que $b = ma$. También se dice que a es un divisor de b.

4.1.4 Definición (primos entre sí)

Dos números a y b se dicen primos entre sí si no tienen divisores comunes (salvo la unidad). Así, 8 y 9 son primos entre sí.

4.1.5   Proposición

Se verifica:

(a) $a|a$, para todo a (propiedad reflexiva)

(b) Si $a|b$ y $b|a$ entonces $a = b$ (propiedad antisimétrica)

(c) Si $a|b$ y $b|c$ entonces $a|c$ (propiedad transitiva).

Demostración.

(a) Se tiene $a = 1 \cdot a$, y por tanto $a|a$

(b) Si existen m y n positivos de manera que $b = ma$ y $a = nb$ entonces $b = mnb$, de lo que se desprende $mn = 1$, y por tanto $m = n = 1$, y con ello $a = b$.

(c) Si existen m y n eneros de manera que $b = ma$ y $c = nb$, entonces $c = nma$, y por tanto $c|a$, pues nm es un entero positivo.

$\square$

4.1.6   Definición (conjunto ordenado)

Una relación entre los elementos de un conjunto A, como por ejemplo la anterior de divisibilidad, denotada $|$, que cumple las tres propiedades (a)-(c), nombradas entre paréntesis, se denomina una **relación de orden** en el conjunto A, y se dice que el par $(A, |)$ es un **conjunto** (parcialmente) **ordenado**. La relación de orden más conocida por el lector es la relación de orden $\leq$ en el conjunto $\mathbb{R}$. En el caso de $(\mathbb{R}, \leq)$, se dice que $\mathbb{R}$ está **linealmente ordenado** (o que la relación de orden $\leq$ es lineal) porque dos elementos cualesquiera de $\mathbb{R}$ son comparables, i.e., dados dos números reales cualesquiera a y b se tiene necesariamente que $a \leq b$ o $b \leq a$. Por esta razón el orden usual en $\mathbb{R}$ viene definido por la situación de los puntos sobre la recta real geométrica. Cuando $a \leq b$ o $b \geq a$ se dice que a es menor (o más pequeño) que b o b es mayor (más grande) que a. Si escribimos $a < b$ indicamos que $a \leq b$ pero $a \neq b$, y decimos que a es estrictamente menor que b.

Un conjunto B de números reales se dice **acotado inferiormente** (resp., **superiormente**) si existe un número real k de manera que $k \leq b$ para cualquier $b \in B$ (resp. $b \leq k$), y a k se la denomina **cota inferior** (resp., **cota superior**) de B. Si B está acotado superior e inferiormente se dice que B es un **conjunto acotado**. Se denomina **supremo** (resp., **ínfimo**) del conjunto B a la menor (resp., mayor) de todas las cotas superiores (resp., inferiores) de B. Si el supremo (resp., ínfimo)de B pertenece a B se denomina

máximo (respec., **mínimo**) de B. Los conceptos dados en este párrafo son extensibles a cualquier conjunto ordenado.

Recordemos que el Axioma del supremo de $\mathbb{R}$ establece que todo conjunto de reales que está acotado superiormente posee supremo, y como consecuencia de ello, si está acotado inferiormente, posee ínfimo.

4.1.7 El conjunto $\mathbb{N}$ está bien ordenado

El orden $\leq$ de $\mathbb{R}$ restringido a $\mathbb{N}$, dota a $\mathbb{N}$ de un orden que posee una propiedad más fuerte que la de estar linealmente ordenado: todo subconjunto de $\mathbb{N}$ tiene primer elemento, i.e., tiene mínimo. Por ello, se dice que $\leq$ es un **buen orden** en $\mathbb{N}$ o que $\mathbb{N}$ está **bien ordenado**.

El hecho de que $\mathbb{N}$ esté bien ordenado es trascendental en muchas demostraciones de carácter regresivo, pues permite que el razonamiento sea finito (véase, por ejemplo, la prueba de la Proposición 4.1.22).

4.1.8 Proposición

Si $a|b$ y $a|c$, entonces $a|(b+c)$ y $a|(b-c)$, si $b > c$.

Demostración:

Supongamos que $b = ma$ y $c = na$ para algunos m, n positivos. Entonces $b + c = ma + na = (m + n)a$ y por tanto $a|(b+c)$.

Análogamente se prueba que $a|(b-c)$, si $b > c$. $\qquad\square$

4.1.9 Máximo común divisor y mínimo común múltiplo

Dados dos números a y b se llama máximo común divisor de a y b, y se escribe $MCD(a,b)$, al mayor divisor común de a y b, y se llama mínimo común múltiplo de a y b, al menor de los múltiplos comunes a a y b, y se escribe $MCM(a,b)$.

El $MCD(a,b)$ siempre existe pues al menos 1 divide a a y b simultáneamente. Análogamente también existe $MCM(a,b)$, pues ab es un múltiplo simultáneo de a y b.

En el caso de que a y b sean primos entre sí, obviamente $MCD(a,b) = 1$.

Dado que ab es un múltiplo común a a y b, también lo serán $2ab, 3ab, 4ab, \ldots$, es decir existen una infinidad de múltiplos comunes a a y b. Ahora bien, para conocer el $MCM(a,b)$, basta analizar sólo los múltiplos comunes desde 1 hasta llegar a ab.

4.1.10   Ejemplo

Divisores de 10, en orden creciente, son $1, 2, 5, 10$, y divisores de 15, en orden creciente, son $1, 3, 5, 15$. Entonces el divisor común mayor de ambos es el 5, i.e., $MCD(10, 15) = 5$.

Múltiplos de 10, en orden creciente, son $10, 20, 30, 40, 50, 60, \ldots$ y múltiplos de 15, en orden creciente, son $15, 30, 45, 60, \ldots$. Obviamente $10 \cdot 15$ es un múltiplo de común de 10 y 15, pero no es el $MCM(10, 15)$, pues como se observa, 30 es el más pequeño de los múltiplos comunes a ambos, i.e., $MCM(10, 15) = 30$.

4.1.11   Proposición

Para cualquier m positivo se tiene:

(a) Si $MCM(a, b) = k$, entonces $MCM(ma, mb) = mk$

(b) Si $MCD(a, b) = k$, entonces $MCD(ma, mb) = mk$

Demostración:

(a) Si $MCM(a, b) = k$, obviamente mk es un múltiplo de ma y mb. Veamos que es el múltiplo más pequeño común a ma y mb.

Supongamos que $MCM(ma, mb) = r$, con $r < mk$. Entonces como r es múltiplo de ma y de mb, se verificará que $\frac{r}{m}$ es múltiplo de a y múltiplo de b, por lo que $\frac{r}{m}$ es un múltiplo común a a y b, más pequeño que k. Contradicción.

(b) Se deja al lector la demostración, imitando la prueba de (a).

$\square$

La anterior proposición tiene otra posible lectura, que es su recíproco.

4.1.12   Proposición

Si se dividen dos números por un divisor común entonces el nuevo MCM o MCD queda dividido por ese número.

4.1.13   Corolario

Los cocientes $\frac{a}{MCD(a,b)}$ y $\frac{b}{MCD(a,b)}$ son primos entre sí.

Demostración.

El $MCD(\frac{a}{MCD(a,b)}, \frac{b}{MCD(a,b)}) = 1$ y por tanto son primos entre sí. $\square$

4.1.14 Ejemplo

Hemos visto en el Ejemplo 4.1.10 que $MCD(10,15) = 5$, y en consecuencia $\frac{10}{5}$ y $\frac{15}{5}$ son primos entre sí, como es fácil de verificar.

4.1.15 Generalización del concepto de primos entre sí

Dados los números $a, b, c, \ldots, f$, es obvio que los divisores comunes de éstos no pueden ser mayores que el menor de éstos, y por tanto hay necesariamente uno D, mayor que todos los demás, que se denomina máximo común divisor de los números dados y se escribe $MCD(a, b, c, \ldots, f) = D$.

Se dice que varios números $a, b, c, \ldots, f$ son **primos entre sí** si $MCD(a, b, c, \ldots, f) = 1$. Si cada uno de los números es primo con cada uno de los demás, se llaman primos entre sí dos a dos. Varios números primos entre sí, pueden no ser números primos dos a dos; por ejemplo: $6, 10, 15$.

Observación. Esta manera de nombrar los elementos $a, b, c, \ldots, f$, en lugar de $a_1, a_2, a_3, \ldots, a_n$, como se haría en la actualidad, era propio del profesor Rey Pastor [20].

4.1.16 Teorema fundamental

Los divisores comunes a dos números son los comunes al menor de ellos y al resto, de la división de ambos.

Demostración.

Supongamos $a > b$ y que se ha efectuado la *división euclídea* de a entre b, con cociente q y resto r. Entonces

$$a = bq + r \quad (\text{con } 0 \le r < b) \tag{4.1}$$

Todo divisor s de a y de b ha de dividir a r, pues $\frac{a}{s}$ será entero y también $\frac{bq}{s}$. Así pues s debe dividir a r. Recíprocamente, si s divide a b y r, el miembro de la izquierda de (4.1) es entero y por tanto s debe dividir a a. Dado que los divisores de a y b coinciden con los divisores de b y r, entonces el $MCD(a, b) = MCD(b, r)$. $\qquad\qquad\square$

4.1.17 Corolario

Para averiguar si dos números son primos entre sí se puede sustituir el mayor de ellos por el resto de la división por el otro.

4.1.18 Cálculo del MCD de dos números (Algoritmo de Euclides)

El teorema anterior reduce el problema de hallar los divisores comunes de a y b, al de hallar los divisores comunes a b y al resto r de la división de a por b. La aplicación reiterada de esta propiedad conduce al algoritmo de Euclides. Los cocientes sucesivos $q_1, q_2, \ldots$ se escriben sobre los respectivos divisores para dar lugar a los nuevos restos, que nombramos $r_1, r_2, \ldots$ como muestra el gráfico siguiente

	q_1	q_2	q_3	$\cdots$	q_n	q_{n+1}
a	b	r_1	r_2	$\cdots$	r_{n-1}	r_n
	r_1	r_2	r_3	$\cdots$	r_n	0

Como los restos son números enteros que cumplen $b > r_1 > r_2 > \cdots$, debe llegarse necesariamente a 0 (por tratarse de un argumento "regresivo" en $\mathbb{N}$). Si r_n es el divisor que da de resto 0, entonces los divisores de a y b son los mismos que b y r_1, los mismos que r_1 y $r_2, \ldots$ y finalmente los mismos que r_{n-1} y r_n; ahora bien, como $r_{n-1} = r_n$, entonces r_n es el máximo común divisor de a y b. Así pues, el último resto r_n distinto de 0, en el algoritmo de Euclides, es el $MCD(a,b)$. ☐

Nota. El algoritmo de Euclides, con apenas modificaciones, se aplica al cálculo del máximo común divisor de polinomios.

4.1.19 Corolario

Los divisores comunes a y b son todos los divisores de su máximo común divisor y sólo éstos.

4.1.20 Teorema de Euclides

Si un número m divide a un producto ab y m es primo con a, entonces m divide al otro factor b.

Demostración.

Por hipótesis $MCD(m,a) = 1$ luego $MCD(mb, ab) = b$, según (b) de la Proposición 4.1.11. Ahora bien, m es un divisor de ab, y de mb, luego por el Corolario 4.1.19, también es un divisor de $MCD(ab, mb)$, luego m divide a b. ☐

4.1.21 Proposición

Si un número primo p divide a un producto de varios factores, entonces divide al menos a uno de ellos.

Demostración.

Si p divide por ejemplo a xyz, entonces por el Teorema de Euclides, p divide a x o p divide a yz; en el segundo caso, p divide a y o p divide a z. En cualquier caso, ha de dividir a uno de los tres.

El resultado se generaliza de manera obvia a un producto finito de factores. $\qquad\square$

4.1.22 Proposición

Todo número no primo es un producto de factores primos.

Demostración.

Si el número m no es primo, admite divisores distintos de m y de 1; sea a_1 el menor de éstos. Necesariamente a_1 es primo, pues de lo contrario, si a_1 admitiera un divisor d distinto de 1 y de a_1, y por tanto menor que a_1, entonces m tendría este divisor d que verifica $d < a_1$, en contra de lo supuesto. Por consiguiente, $m = a_1 m_1$, siendo a_1 primo.

Si el número m_1 no es primo, admite por igual razón un divisor primo a_2, y será $m = a_1 a_2 m_2$, y así sucesivamente. Como los números $m_1, m_2, m_3, \ldots$ van disminuyendo y son distintos de 0, esta descomposición no puede prolongarse indefinidamente (por tratarse de una argumentación regresiva y ser $(\mathbb{N}, \leq)$ bien ordenado), y por tanto se llega a que $m = a_1 a_2 a_3 \cdots a_n$ como producto de n números primos a_i, varios de los cuales pueden ser iguales. Por esto, la expresión general de un número m no primo, es:

$$m = a_1^{\alpha_1} \, a_2^{\alpha_2} \, a_3^{\alpha_3} \cdots$$

donde α_i son las veces que se repite a_i. $\qquad\square$

4.1.23 Teorema

La descomposición de un número en factores primos es única.

Demostración.

Supongamos que m se puede descomponer en factores primos de dos maneras, i.e., $m = a \cdot b \cdot c \cdots f = a' \cdot b' \cdot c' \cdots f'$, donde $a, b, c, \ldots$ y $a', b', c', \ldots$ son primos. Como a es un divisor del producto $a' \cdot b' \cdot c' \cdots f'$, entonces, por la Proposición 4.1.21, divide a uno de los factores $a', b', c', \ldots, f'$ y como éstos son primos, es igual a uno de ellos. Sin pérdida de generalidad, podemos suponer que $a = a'$, y dividiendo por él se tiene $b \cdot c \cdots f = b' \cdot c' \cdots f'$.

De manera análoga b es un factor del segundo miembro, y podemos suponer $b = b'$; dividiendo por él se tiene $c \cdot d \cdots f = c' \cdot d' \cdots f'$, y siguiendo así, resulta que el número de factores de los dos productos es el mismo, y que estos factores son los mismos en ambas descomposiciones. $\square$

4.1.24 Teoremas de existencia y unicidad. Método de la bisección

La Proposición 4.1.22 cabe considerarse un *teorema de existencia*, que afirma que para todo número compuesto existe una posible descomposición en factores primos. El Teorema 4.1.23 afirma que esta descomposición es *única*. Ambos resultados se pueden enunciar conjuntamente y afirmar que todo número compuesto admite descomposición única en factores primos. A tal teorema se le denominaría "teorema de existencia y unicidad". Los teoremas de existencia y unicidad son de gran interés en matemáticas, y en particular son muy notables los teoremas de existencia y unicidad de ecuaciones diferenciales, bajo ciertas condiciones.

Los teoremas de existencia aunque no sean de unicidad, pueden resultar de gran interés en Matemáticas, como vemos en el siguiente ejemplo, que surge en Álgebra.

Se sabe que una ecuación polinómica $P_n(x) = 0$, con coeficientes reales de grado n en la incógnita x, admite n soluciones, contando órdenes de multiplicidad, en el cuerpo de los complejos. También se sabe que si $a + bi$ es una solución compleja de $P_n(x) = 0$, entonces su conjugado $a - bi$ es otra solución de $P_n(x) = 0$. Por tanto tenemos el teorema siguiente de existencia: Toda función polinómica de grado impar n, admite una solución real. Obsérvese que este teorema no impide que pueda haber más soluciones pero, sabemos que al menos, existe una solución real.

Vemos a continuación, otro teorema de existencia de una raíz de una ecuación, que se plantea en el Análisis Matemático, con una condición local sobre la clase de las funciones continuas. En este caso veremos cómo se puede obtener una aproximación de la raíz, tan precisa como se desee, con ayuda de una rama de las matemáticas conocida como Cálculo Numérico.

El teorema de Bolzano afirma que si una función continua f en el intervalo $[a, b]$ cambia de signo en los extremos (lo que se formaliza de la forma $f(a) \cdot f(b) < 0$) entonces existe una raíz x_0 de f (i.e., $f(x_0) = 0$) en el interior del intervalo $[a, b]$. Para hallar un valor aproximado de dicha raíz, procederemos de la forma que se indica a continuación.

Designemos $I = [a, b]$, por lo que el *diámetro* del intervalo I es $b - a$. Empecemos asumiendo que en $[a, b]$ solo se encuentra la raíz x_0. Hallamos el centro de I y partimos en dos subintervalos, de igual diámetro, el intervalo inicial. Si el centro del intervalo I es raíz de la ecuación, el proceso ha terminado y tenemos el valor exacto de la raíz, y en caso contrario, necesariamente en uno de los dos subintervalos constituidos, de diámetro $\frac{b-a}{2}$ habrá uno donde la función cambie de signo en los extremos, al cual llamaremos I_1. Hallamos el centro de I_1 y si no es raíz de f entonces constituimos de nuevo, como antes, dos subintervalos de diámetro $\frac{b-a}{2^2}$, y llamamos I_2 al intervalo en donde la función cambia de signo en los extremos. Si el proceso continúa indefinidamente construyendo $I_3, \ldots, I_n, \ldots$ entonces $\{I_n : n \in \mathbb{N}\}$ es una sucesión de intervalos cerrados encajados (cada uno de ellos conteniendo a x_0), cuyo diámetro $\frac{1}{2^n}$ tiende a 0, y por lo tanto según el axioma de los intervalos encajados $\bigcap_{n=1}^{\infty} I_n = \{x_0\}$. En el caso de que no dispongamos de un método analítico para obtener x_0, podemos obtener un valor aproximado de x_0, como sigue. En el paso n-ésimo nos encontraremos con que la raíz x_0 se encuentra en el interior de I_n cuyo diámetro es $\frac{b-a}{2^n}$. Así pues, si tomamos como aproximación de x_0 el centro del intervalo, digamos c, entonces la distancia máxima entre x_0 y c ha de ser menor que $\frac{b-a}{2^{n+1}}$ (i.e., $|c - x_0| < \frac{b-a}{2^{n+1}}$. De esta forma se he encontrado una aproximación c a x_0 con una cota de error de aproximación menor que $\frac{b-a}{2^{n+1}}$. En otras palabras, como el lector fácilmente deducirá, este sencillo método conocido como el *método de la bisección*, nos ofrece la posibilidad de encontrar x_0 con el número de dígitos exactos que deseemos (véase Problema P4.4). Este método, para fines diversos, es muy utilizado en Matemáticas y en Computación.

En el caso en que el intervalo $[a, b]$ contuviera más de una raíz, el método encuentra una aproximación c a una raíz, de entre las que hubiere, con la cota de error apuntada.

4.2 TÉCNICAS DE CONTEO: COMBINATORIA ELEMENTAL

En esta sección empezaremos viendo unas técnicas elementales de conteo, para conocer el número de agrupaciones distintas, bajo ciertas condiciones, que se pueden formar y que se conocen como combinatoria elemental. Distinguiremos tres situaciones distintas.

(1) El número de agrupaciones (palabras) que pueden formarse con dos letras elegidas entre a, b, c, son nueve, a saber:

$aa, bb, cc, ab, ba, ac, ca, bc, cb$. Este número se conoce como variaciones con repetición de orden dos de entre 3 elementos.

(2) El número de agrupaciones que pueden formarse con dos letras elegidas entre a, b, c, sin que se repitan son seis, a saber: ab, ba, ac, ca, bc, cb. Este número se conoce como variaciones ordinarias, o sencillamente variaciones, de orden dos de entre 3 elementos.

(3) El número de agrupaciones que pueden formarse con dos letras elegidas entre a, b, c, sin que se repitan y donde el orden de aparición sea irrelevante (es decir, por ejemplo, la agrupación ab y la agrupación ba son la misma), son tres, a saber: ab, ac, bc. Este número se conoce como combinaciones (ordinarias) de orden dos de entre 3 elementos. Como se observa, la diferencia entre variaciones y combinaciones radica en que en estas últimas el orden no tiene importancia.

Un caso particular de las variaciones es aquél en el que el orden del grupo coincide con el número de elementos donde se escogen. Por ejemplo el número de variaciones de orden tres en a, b, c, sería 6, que corresponde a las permutaciones de las tres letras: $abc, acb, bac, bca, cab, cba$.

En esta sección nos ocuparemos de formalizar estos resultados con una visión conjuntista. Después nos ocuparemos de presentar las propiedades de los números combinatorios que nos llevarán al desarrollo del binomio de Newton. Este último es de suma importancia y, a modo de ejemplo, aparece en la teoría de probabilidad binomial y en el cálculo de la derivada n-ésima de un producto de funciones (fórmula de Leibniz).

4.2.1   Variaciones con repetición

Recordemos que si A es un conjunto no vacío con m elementos, el producto cartesiano A^n posee m^n elementos que constituyen las **variaciones con repetición** de los m elementos dados, de orden n, y se escribe RV_m^n.

4.2.2   Ejemplo

Sea A el conjunto formado por los bits 0 y 1. Las **palabras** de 3 bits que puedan formarse con los dos dígitos son $RV_2^3 = 2^3 = 8$. En efecto, obsérvese que, con un leve cambio de notación, $A^3 = \{000, 001, 010, 100, 011, 101, 110, 111\}$.

El *diagama de árbol* de la Figura 4.1 (de interpretación obvia) resulta instructivo para el conteo y para observar la formación de las ternas.

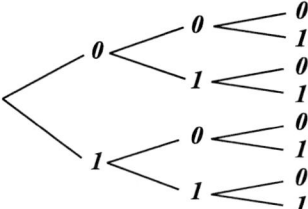

Figura 4.1: Diagrama de árbol.

4.2.3   Variaciones ordinarias

Sea A un conjunto con m $(m \geq 2)$ elementos. Deseamos conocer el número posible de n-tuplas (grupos ordenados de n elementos con $n > 1$) con $n \leq m$ que podemos formar con elementos de A, sin repetir ninguno. Para su cálculo observemos que para la primera posición podemos elegir entre los m elementos de A; para la segunda posición entre los $m - 1$ elementos de A restantes, y así sucesivamente. Este número, que se escribe como V_m^n, está formado por el producto decreciente de los siguientes n factores: $m(m - 1) \cdots (m - n + 1)$ y se denomina **variaciones** (ordinarias) de m elementos de orden n. Se admite denotar V_m^1 al número de grupos de un solo elemento que se pueden formar con m elementos y, obviamente, $V_m^1 = m$. En particular, $V_1^1 = 1$.

4.2.4   Ejemplo

Los números de tres cifras distintas que pueden formarse con las cifras 1, 2, 3, 4, 5 es $V_5^3 = 5 \cdot 4 \cdot 3 = 60$.

4.2.5   Permutaciones

Se denomina permutación (ordinaria) entre los elementos de un conjunto a cualquier ordenación de todos sus elementos, sin repetir éstos. El número de permutaciones que se pueden realizar sobre un conjunto de m elementos (con $m > 1$) se denomina **permutaciones** de m y se escribe P_m. Según el apartado anterior este número es

$$P_m = V_m^m = m\,(m - 1) \cdots 1$$

que se escribe $m!$ (y se lee **factorial** de m o m factorial). Como $P_1 = V_1^1 = 1$, admitimos que $1! = 1$.

4.2.6   Ejemplo

La cantidad de números de tres cifras, sin repetir, que se pueden formar con las cifras 1, 5, 7 es $P_3 = 3! = 3\cdot2\cdot1 = 6$. (En efecto, éstas son 157, 175, 517, 571, 715 y 751).

4.2.7   Combinaciones

Designemos por C_m^n el número de subconjuntos de n elementos que se pueden formar en un conjunto A de m elementos ($0 \le n \le m$) o dicho de otra manera, es el número de agrupaciones de n elementos distintos, elegidos entre los m elementos de A. Es evidente que si consideramos las $n!$ permutaciones de cada uno de estos subconjuntos (cuando $n \ge 1$), obtendríamos todas las n-tuplas que se pueden formar con los elementos de A, sin repetir ninguno. Es decir, se tiene $C_m^n P_n = V_m^n$. Así pues,

$$C_m^n = \frac{V_m^n}{P_n} \tag{4.2}$$

Al número C_m^n (que también se escribe $C_{m,n}$) se le denomina **combinaciones** (ordinarias) de m elementos de orden n. Por definición $C_m^0 = 1$, dado que el conjunto $\emptyset$ es el único subconjunto de A con cero elementos; y $C_m^m = 1$ pues A es el único subconjunto de A con m elementos.

4.2.8   Ejemplo

Disponemos de 5 botes de pinturas diferentes. Si mezclamos 3 de ellos en igual proporción, entonces, como el orden con que se mezclan es indiferente, el número de colores distintos que se pueden hacer es $C_5^3 = \dfrac{V_5^3}{P_3} = \dfrac{5\cdot4\cdot3}{3!} = 10$.

4.2.9   Permutaciones con repetición

El número de permutaciones de m elementos con n ($\le m$) elementos indistinguibles (es decir, hay n elementos iguales), se denomina **permutaciones con repetición** de m elementos de orden n y se escribe RP_m^n. Para obtener el total de las permutaciones ordinarias de los m elementos iniciales, bastaría considerar las $n!$ permutaciones distintas a que daría lugar cada una de las RP_m^n permutaciones consideradas, si los n elementos se volvieran distinguibles. Ello nos conduce a la ecuación $RP_m^n P_n = P_m$, es decir,

$$RP_m^n = \frac{P_m}{P_n} = \frac{m!}{n!}.$$

Este resultado anterior se puede generalizar para el caso en que se tengan m elementos de modo que $m = n_1 + n_2 + \cdots + n_r$ donde cada n_i representa un número de elementos indistinguibles entre sí, como sigue:

$$RP_m^{n_1, n_2, \ldots, n_r} = \frac{m!}{n_1! \, n_2! \cdots n_r!}.$$

A modo de ejemplo, el número de ordenaciones distintas que se pueden realizar sobre un segmento con 6 fichas similares, donde 3 son blancas, 2 negras y una roja, es $RP_6^{3,2,1} = \dfrac{6!}{3! \, 2! \, 1!} = 60$.

4.2.10 Convenio sobre 0!

A continuación, vamos a introducir el concepto de número combinatorio como un cociente donde aparecen factoriales. Aquí, el concepto de 0!, como producto de factores decreciente hasta llegar a 1, no tiene sentido. Por esa razón, para dar validez general a la expresión (4.2) y teniendo en cuenta que $C_m^0 = C_m^m = 1$, se conviene que $0! = 1$. De esta manera se mantienen válidas todas las expresiones donde aparezca 0!

4.2.11 Números combinatorios. Propiedades

Al número C_m^n también se le denomina **número combinatorio** y suele escribirse $\begin{pmatrix} m \\ n \end{pmatrix}$, que se lee m sobre n. Es fácil verificar que

$$\begin{pmatrix} m \\ n \end{pmatrix} = \frac{m!}{n! \, (m-n)!}.$$

Los números combinatorios satisfacen las siguientes propiedades:

1. $\begin{pmatrix} m \\ 0 \end{pmatrix} = \begin{pmatrix} m \\ m \end{pmatrix} = 1$ 2. $\begin{pmatrix} m \\ 1 \end{pmatrix} = m$

3. $\begin{pmatrix} m \\ n \end{pmatrix} = \begin{pmatrix} m \\ m-n \end{pmatrix}$ 4. $\begin{pmatrix} m-1 \\ n-1 \end{pmatrix} + \begin{pmatrix} m-1 \\ n \end{pmatrix} = \begin{pmatrix} m \\ n \end{pmatrix}$

La propiedad 1 se ha razonado en la Sección 4.2.7. La propiedad 2 es consecuencia de que en un conjunto con m elementos hay necesariamente m subconjuntos distintos unitarios. La propiedad 3 es de verificación inmediata (véase Ejercicio E4.9). La demostración de la propiedad 4 es más laboriosa (véase Ejercicio E4.11).

4.2.12 Triángulo de Tartaglia

Imaginemos un triángulo como el que muestra la figura siguiente, donde enumeramos las filas de arriba a abajo como $m = 0, 1, 2, \ldots$ Los laterales del triángulo son todos unos y, a partir de la segunda fila, cada número es la suma de los dos que le preceden inmediatamente en la fila anterior:

$$
\begin{array}{lccccccccccc}
m = 0 & & & & & & 1 & & & & & \\
m = 1 & & & & & 1 & & 1 & & & & \\
m = 2 & & & & 1 & & 2 & & 1 & & & \\
m = 3 & & & 1 & & 3 & & 3 & & 1 & & \\
m = 4 & & 1 & & 4 & & 6 & & 4 & & 1 & \\
m = 5 & 1 & & 5 & & 10 & & 10 & & 5 & & 1
\end{array}
$$

En lugar de las filas anteriores, atendiendo a las propiedades 1, 2 y 4 de los números combinatorios se puede escribir

$$
\begin{array}{l}
m = 0 \qquad \binom{0}{0} \\[2mm]
m = 1 \qquad \binom{1}{0} \quad \binom{1}{1} \\[2mm]
m = 2 \qquad \binom{2}{0} \quad \binom{2}{1} \quad \binom{2}{2} \\[2mm]
m = 3 \qquad \binom{3}{0} \quad \binom{3}{1} \quad \binom{3}{2} \quad \binom{3}{3} \\[2mm]
m = 4 \qquad \binom{4}{0} \quad \binom{4}{1} \quad \binom{4}{2} \quad \binom{4}{3} \quad \binom{4}{4} \\[2mm]
m = 5 \qquad \binom{5}{0} \quad \binom{5}{1} \quad \binom{5}{2} \quad \binom{5}{3} \quad \binom{5}{4} \quad \binom{5}{5}
\end{array}
$$

Prosiguiendo de manera "indefinida" el desarrollo del triángulo inicial se obtiene el denominado **triángulo de Tartaglia** (o de Pascal), que resulta práctico para conocer el valor de los números combinatorios $\binom{m}{n}$ cuando m y n son "pequeños". Obsérvese que el triángulo de Tartaglia es simétrico, lo cual es acorde con la propiedad 3 de los números combinatorios.

4.2.13 Binomio de Newton

La potencia $(a + b)^m$ cuando a y b son números reales (o, con mayor generalidad, elementos de un anillo conmutativo), y m es un número natural, se le conoce como el **binomio de Newton**. El desarrollo de dicho binomio es

$$(a+b)^m = \binom{m}{0} a^0 b^m + \binom{m}{1} a^1 b^{m-1} + \binom{m}{2} a^2 b^{m-2} + \cdots + \binom{m}{m} a^m b^0.$$

Demostración.

Veamos que se cumple para $n = 1$:

$$(a+b)^1 = \binom{1}{0} a^0 b^1 + \binom{1}{1} a^1 b^0 = a + b.$$

Supongamos ahora que la fórmula se cumple para $n = k$, es decir se cumple que

$$(a+b)^k = \binom{k}{0} a^0 b^k + \binom{k}{1} a^1 b^{k-1} + \binom{k}{2} a^2 b^{k-2} + \cdots + \binom{k}{k} a^k b^0 = \sum_{i=0}^{k} \binom{k}{i} a^i b^{k-i}$$

Veamos que también se cumple para $n = k + 1$.

$$(a+b)^{k+1} = (a+b) \cdot (a+b)^k = a \cdot \sum_{i=0}^{k} \binom{k}{i} a^i b^{k-i} + b \cdot \sum_{i=0}^{k} \binom{k}{i} a^i b^{k-i} =$$

$$= \sum_{i=0}^{k} \binom{k}{i} a^{i+1} b^{k-i} + \sum_{i=0}^{k} \binom{k}{i} a^i b^{k+1-i} =$$

$$= \sum_{i=0}^{k-1} \binom{k}{i} a^{i+1} b^{k-i} + \binom{k}{k} a^{k+1} b^0 + \binom{k}{0} a^0 b^{k+1} + \sum_{i=1}^{k} \binom{k}{i} a^i b^{k+1-i} =$$

$$= \sum_{i=1}^{k} \binom{k}{i-1} a^i b^{k+1-i} + \binom{k}{k} a^{k+1} b^0 + \binom{k}{0} a^0 b^{k+1} + \sum_{i=1}^{k} \binom{k}{i} a^i b^{k+1-i} =$$

$$= \binom{k}{0} a^0 b^{k+1} + \sum_{i=1}^{k} \left[\binom{k}{i-1} + \binom{k}{i} \right] a^i b^{k+1-i} + \binom{k}{k} a^{k+1} b^0 =$$

$$= \binom{k}{0} a^0 b^{k+1} + \sum_{i=1}^{k} \binom{k+1}{i} a^i b^{k+1-i} + \binom{k}{k} a^{k+1} b^0 =$$

$$= \sum_{i=0}^{k+1} \binom{k+1}{i} a^i b^{k+1-i}$$

$\square$

Si m es pequeño, el cálculo de los coeficientes $\binom{m}{i}$, $i = 0, 1, \ldots, m$, del desarrollo anterior es sencillo puesto que se corresponden con los de la fila m-ésima del triángulo de Tartaglia. Obsérvese que por la simetría del triángulo de Tartaglia también se puede escribir

$$(a + b)^m = \binom{m}{0} a^m b^0 + \binom{m}{1} a^{m-1} b^1 + \binom{m}{2} a^{m-2} b^2 + \cdots + \binom{m}{m} a^0 b^m.$$

Como casos particulares, para $m = 2$ se obtiene el conocido resultado $(a+b)^2 = a^2 + 2ab + b^2$ y para $m = 3$ se obtiene $(a+b)^3 = a^3 + 3a^2 b + 3ab^2 + b^3$.

4.2.14 Ejemplo

Calculemos, por el binomio de Newton, el polinomio $\left(a - \dfrac{x}{2}\right)^4$ en la variable x. Se tiene que:

$$
\begin{aligned}
\left(a - \frac{x}{2}\right)^4 &= \binom{4}{0} a^0 \left(\frac{-x}{2}\right)^4 + \binom{4}{1} a^1 \left(\frac{-x}{2}\right)^3 + \binom{4}{2} a^2 \left(\frac{-x}{2}\right)^2 \\
&\quad + \binom{4}{3} a^3 \left(\frac{-x}{2}\right)^1 + \binom{4}{4} a^4 \left(\frac{-x}{2}\right)^0 \\
&= \frac{x^4}{16} - 4\, a\, \frac{x^3}{8} + 6\, a^2\, \frac{x^2}{4} - 4\, a^3\, \frac{x}{2} + a^4 \\
&= \frac{x^4}{16} - \frac{a}{2}\, x^3 + \frac{3}{2}\, a^2\, x^2 - 2a^3\, x + a^4
\end{aligned}
$$

4.3 CARDINALIDAD DE CONJUNTOS FINITOS

Aceptaremos el siguiente resultado intuitivo (cuya fundamentación conjuntista puede verse en [13]), que nos lleva a dar una definición de suma en $\mathbb{N}$.

4.3.1 Definición (suma de números naturales)

Si A y B son conjuntos disjuntos entonces $\mathrm{Cd}\,(A \cup B) = \mathrm{Cd}\,A + \mathrm{Cd}\,B$. La suma así definida en $\mathbb{N}$, es una operación (ley interna) asociativa, conmutativa y tiene por elemento neutro el 0 (Véase Ejercicio E4.13).

Antes de enunciar el siguiente resultado recordemos la siguiente interpretación de la diferencia de números naturales, para $a \geq b$: la notación $a - b = c$ equivale a decir $a = b + c$.

4.3.2 Proposición (Cardinal de la diferencia de conjuntos)

Si $B \subset A$, entonces $\mathrm{Cd}(A - B) = \mathrm{Cd}\ A - \mathrm{Cd}\ B$.

Demostración.

Dado que $B \subset A$ entonces el conjunto A se puede escribir $A = (A - B) \cup B$, donde $(A - B) \cap B = \emptyset$, y por tanto $\mathrm{Cd}\ A = \mathrm{Cd}(A - B) + \mathrm{Cd}\ B$, de donde se desprende $\mathrm{Cd}(A - B) = \mathrm{Cd}\ A - \mathrm{Cd}\ B$. $\qquad \square$

4.3.3 Proposición (Sobre conjuntos disjuntos dos a dos)

Si A, B, C son tres conjuntos disjuntos dos a dos, entonces $\mathrm{Cd}(A \cup B \cup C) = \mathrm{Cd}\ A + \mathrm{Cd}\ B + \mathrm{Cd}\ C$.

Demostración.

$\mathrm{Cd}\,(A \cup B \cup C) = \mathrm{Cd}\,((A \cup B) \cup C) = \mathrm{Cd}\,(A \cup B) + \mathrm{Cd}\ C$, dado que, por hipótesis, $A \cup B$ es disjunto con C. Finalmente $\mathrm{Cd}\,(A \cup B \cup C) = \mathrm{Cd}\ A + \mathrm{Cd}\ B + \mathrm{Cd}\ C$, dado que también A y B son disjuntos. $\qquad \square$

4.3.4 Proposición (Cardinal de la unión de conjuntos)

$\mathrm{Cd}\,(A \cup B) = \mathrm{Cd}\ A + \mathrm{Cd}\ B - Cd(A \cap B)$.

Demostración.

El conjunto $A \cup B$ se puede escribir como unión de tres conjuntos disjuntos, como sigue (véase el diagrama de Venn de la Figura 4.2)

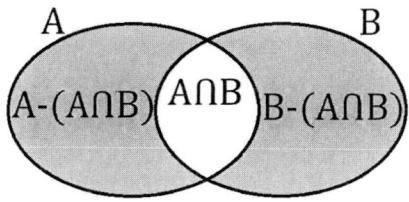

Figura 4.2: Partición de $A \cup B$.

Por tanto, $A \cup B = (A - (A \cap B)) \cup (B - (A \cap B) \cup (A \cap B)$. En consecuencia, según la proposición anterior, se tiene:

$\mathrm{Cd}\,(A \cup B) = \mathrm{Cd}\,(A - (A \cap B)) + \mathrm{Cd}\,(B - (A \cap B) + \mathrm{Cd}\,(A \cap B)$, y por la Proposición 4.3.2 se tiene:

$\mathrm{Cd}\,(A \cup B) = \mathrm{Cd}\,A - \mathrm{Cd}\,(A \cap B)) + \mathrm{Cd}\,B - \mathrm{Cd}\,(A \cap B) + \mathrm{Cd}\,(A \cap B) = \mathrm{Cd}\,A + \mathrm{Cd}\,B - \mathrm{Cd}\,(A \cap B)$ $\qquad\qquad\square$

4.3.5 Ejemplo. Diagrama sinóptico

En una sala S donde se encuentran 60 personas, se hace un sondeo para conocer cuánta gente lee un periódico A y cuánta un periódico B. Se ha obtenido el siguiente resultado: 40 leen A, 35 leen B y 10 no leen ningún periódico. Veamos cuántas personas leen A y B.

Los datos obtenidos nos conducen a expresarlos con la terminología conjuntista, de interpretación obvia, a: $\mathrm{Cd}(S) = 60$, $\mathrm{Cd}\,A = 40$, $\mathrm{Cd}\,B = 35$, $\mathrm{Cd}\,(A \cup B)^c = 10$ (véase el correspondiente diagrama de Venn de la Figura 4.3).

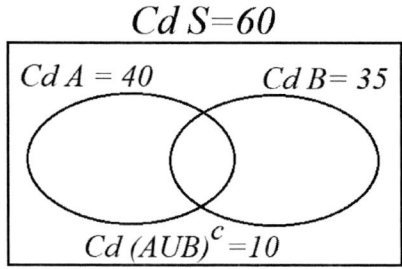

Figura 4.3: Diagrama de Venn correspondiente al Ejemplo 4.3.5

Por tanto $\mathrm{Cd}\,(A \cup B) = \mathrm{Cd}\,S - \mathrm{Cd}\,(A \cup B)^c = 60 - 10 = 50$. En consecuencia, de $\mathrm{Cd}\,(A \cup B) = \mathrm{Cd}\,A + \mathrm{Cd}\,B - \mathrm{Cd}\,(A \cap B)$, se sigue que $50 = 40 + 35 - \mathrm{Cd}\,(A \cap B)$, y por tanto $\mathrm{Cd}\,(A \cap B) = 40 + 35 - 50 = 25$.

Deseamos conocer ahora cuántas personas leen A pero no leen B. La repuesta se obtiene como sigue (véase el diagrama *sinóptico* de la Figura 4.4):

$\mathrm{Cd}\,(A - B) = \mathrm{Cd}\,A - \mathrm{Cd}\,(A \cap B) = 40 - 25 = 15$.

Nota. La expresión "de interpretación obvia" se usa para acortar el texto cuando no cabe posibilidad de confusión. En nuestro caso, por ejemplo, nos ha permitido escribir $\mathrm{Cd}\,A = 40$, sin necesidad de decir que "A representa el conjunto de las personas que leen el periódico A".

El diagrama *sinóptico* sintetiza de manera gráfica y sencilla los resultados, siendo de utilidad para la intuición lógica.

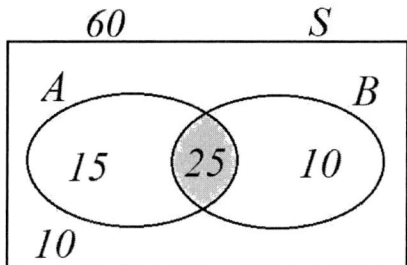

Figura 4.4: Diagrama sinóptico correspondiente al Ejemplo 4.3.5

4.4 EJERCICIOS PROPUESTOS

En los dos siguientes ejercicios se sugiere que se representen los conjuntos sobre la recta $\mathbb{R}$, dado que $(\mathbb{R}, \leq)$ constituye un conjunto linealmente ordenado, por lo que $a < b$ se representa de manera que a está a la izquierda de b, según convenio más extendido.

E4.1 Dígase cuál de los siguientes conjuntos de $\mathbb{R}$ está acotado superiormente, inferiormente, o acotado. En su caso, dese el conjunto de cotas superiores o inferiores.

(a) $A = \{2, 3, 4, \dots\}$

(b) $B = \{1\} \cup \{x : x > 2\}$

(c) $C = \{x : x < 3\}$

(d) $\mathbb{Z}$

E4.2 Dígase cuáles de los siguientes conjuntos de $\mathbb{R}$ (algunos escritos en forma de intervalo), posee supremo, ínfimo, máximo o mínimo:

(a) $A = \{x : x > 0\}$

(b) $B = \{x : x < 2\}$

(c) $\mathbb{N}$

(d) $C = [-2, 3[$

(e) $]-\infty, -2]$

(f) $D = [2, 3]$

(g) $E = \{2, 3\} \cup]4, 5[$

E4.3 Establézcase la regla práctica para obtener el MCD y MCM de varios números, cuando se tiene la descomposición factorial de dichos números.

E4.4 Demuéstrese que $a \cdot b = MCD(a,b) \cdot MCM(a,b)$ (Sugerencia: utilícese el ejercicio anterior)

E4.5 Hállese la descomposición factorial de 900 y de 1890. Utilícense estas descomposiciones para hallar el $MCD(1890,900)$ y el $MCM(1890,900)$.

E4.6 Utilícese el algoritmo de Euclides para hallar el $MCD(1890,900)$. Hállese el $MCM(1890,900)$.

E4.7 ¿Cuántas quinielas posibles de 14 resultados con los signos $1, X, 2$, pueden hacerse?

Sol: 3^{14}

E4.8 ¿Cuántos bytes de 8 bits (0,1) pueden hacerse de manera que

(a) tengan dos ceros y seis unos?

(b) tengan a lo sumo dos ceros?

Sol: (a) 28; (b) 37

E4.9 Demuéstrese la expresión: $\binom{m}{n} = \dfrac{m!}{n!\,(m-n)!}$

E4.10 Demuéstrese las expresiones $\binom{m}{0}$ y $\binom{m}{m}$, usando el convenio $0! = 1$, en la expresión anterior.

E4.11 Demuéstrese que $\binom{m-1}{n-1} + \binom{m-1}{n} = \binom{m}{n}$

E4.12 Desarróllese la expresión $(a - 2b)^4$ atendiendo al binomio de Newton.

E4.13 Demuéstrese que la suma de números naturales definida por $\mathrm{Cd}(A \cup B) = \mathrm{Cd}\,A + \mathrm{Cd}\,B$ cuando A y B son conjuntos disjuntos, es una operación (ley interna) en $\mathbb{N}$ que es asociativa, conmutativa y tiene por elemento neutro el 0.

E4.14 Demuéstrese que $\mathrm{Cd}\,(A \cup B \cup C) = \mathrm{Cd}\,A + \mathrm{Cd}\,B + \mathrm{Cd}\,C - \mathrm{Cd}\,(A \cap B) - \mathrm{Cd}\,(A \cap C) - \mathrm{Cd}\,(B \cap C) + \mathrm{Cd}\,(A \cap B \cap C))$.

4.5   PROBLEMAS PROPUESTOS

P4.1 Considérese en el conjunto $A = \{1, 2, 3, 4, 6, 8, 24, 48\}$, la relación de divisibilidad $|$. Hágase un *diagrama de Hasse* (un pequeño segmento ascendente une a y b cuando $a|b$) para el conjunto ordenado $(A, |)$. Indíquese el máximo y mínimo de A. Hállese las cotas superiores del subconjunto $B = \{2, 3, 6\}$. ¿Posee B supremo, ínfimo, máximo, mínimo?

Idem, con el conjunto $C = \{2, 4, 8\}$.

P4.2 Un número n de comensales se disponen a sentarse en una mesa. Dígase de cuántas maneras distintas pueden disponerse, según los casos siguientes:

(a) La mesa es un banco lineal.

(b) La mesa es circular y los asientos son distinguibles (por el color, o cualquier otro distintivo).

(c) La mesa es circular y los asientos son indistinguibles.

P4.3 Hállese el coeficiente de x^8 en el polinomio (desarrollado) con coeficientes complejos $\left(\frac{i}{2} - \frac{x^2}{3}\right)^5$ donde $(\pm i)^2 = -1$, $i^3 = -i$, $i^4 = 1$.

P4.4 Utilícese el método de la bisección para hallar una aproximación de la raíz de la función $f(x) = x + e^x$ con un error menor que una décima. ¿Cuántos subintervalos serían necesarios para que la aproximación tenga tres cifras decimales exactas? (Los lectores amantes de la computación, pueden diseñar un programa informático que permita encontrar dicha raíz con tantas cifras decimales exactas como se desee).

Capítulo 5

CONVERGENCIA DE SUCESIONES

En este capítulo vamos a estudiar un concepto básico para el desarrollo del Análisis Matemático: la convergencia de sucesiones. *Grosso modo*, una sucesión de números reales $\{a_n\}$ se dice que converge al número real a, o que el límite de $\{a_n\}$ es a (se escribe $\lim_{n \to \infty} a_n = a$), si todos los términos de la sucesión, a partir de cierto término, se acercan al real a, tanto como deseemos. A este concepto dedicaremos unas secciones que justifican su posterior definición, donde aparece el *juego* ε, δ. El álgebra de las sucesiones convergentes, en referencia a la suma y producto, se asemeja al álgebra de los números reales. La sucesión que se definen por recurrencia, de manera que cada término se deduce del anterior al multiplicarlo por una constante r (distinta de uno), se denomina progresión geométrica (PG). La suma de n términos de una PG se utiliza para demostrar que la sucesión $\{(1 + \frac{1}{n})^n\}$ está acotada, y por tratarse de una sucesión creciente, se demuestra que converge a su supremo, que es el número e. También nos es útil para introducir la matemática financiera, donde introduciremos los conceptos de interés simple, compuesto y continuo. En el caso del interés continuo aparece el número e, que también suele aparecer en la expresión del crecimiento de organismos y en la evolución de fenómenos de la Naturaleza; por tal motivo, los logaritmos con base el número e, se denominan logaritmos naturales. La suma S de todos los términos de una PG con $|r| < 1$ existe y tiene una expresión sencilla ($S = \frac{a_1}{1-r}$), que resulta de gran interés en Matemáticas.

Las sucesiones convergentes están acotadas, pero, en general, el recíproco no es cierto. Por tanto, las sucesiones no acotadas son no convergentes y en consecuencia no tienen límite real. No obstante, algunas de ellas tienen un comportamiento que merece ser considerado, y son las que denominamos sucesiones que divergen a infinito o tienen límite infinito. Resulta interesante el estudio de algunas sucesiones, como las polinómicas, que divergen a infinito, y que en algunos casos conducen a expresiones que denominamos indeterminadas, que pueden tener límites finitos.

La estructura del capítulo es como sigue. En la Sección 5.1 introducimos y estudiamos el concepto de convergencia. En la Sección 5.2 probamos algunas propiedades de las sucesiones convergentes y definimos el número e. La Sección 5.3 se dedica a la matemática financiera. En la Sección 5.4 se estudian las sucesiones con límite infinito y algunas indeterminaciones.

El lector que lo dese puede profundizar el estudio de la convergencia en los textos [3, 4, 21] o en los fascículos [24].

5.1 LÍMITE DE UNA SUCESIÓN

Empezamos demostrando una propiedad que es conocida por los lectores.

5.1.1 Proposición

El conjunto $\mathbb{N}$ no está acotado superiormente en $\mathbb{R}$.

Demostración.

Sea x un número real positivo y sea $y \in \mathbb{R}$. Por la propiedad arquimediana de $\mathbb{R}$, sabemos que existe un número natural n de manera que $n \cdot x > y$. En particular, si tomamos $x = 1$, se tiene que existe $n \in \mathbb{N}$ de manera que $n > y$. En consecuencia, $\mathbb{N}$ no está acotado superiormente en $\mathbb{R}$, pues dado cualquier número real y, podemos encontrar siempre un número natural que lo supera. □

5.1.2 Cociente entre un real y un divisor natural

Una interpretación inmediata de la propiedad arquimediana de $\mathbb{R}$ es que dado un número real cualquiera y, podemos encontrar un número natural n de manera que su cociente $\frac{y}{n}$ sea *tan pequeño como se desee*.

5.1.3 Notas aclaratorias

(a) Uso de la propiedad arquimediana de $\mathbb{R}$.

Es frecuente hacer uso de los dos resultados anteriores, sin meditar que ello es posible por la propiedad arquimediana de $\mathbb{R}$. Además, el lector habrá utilizado intuitivamente los resultados anteriores con otros muchos subconjuntos de números naturales que son de cardinal infinito. Más todavía, con sencillos argumentos se puede concluir que para cualquier número real k prefijado, el conjunto de números reales $A_k = \{x : x = k \cdot n + \pi \text{ con } n \in \mathbb{N}\}$ no está acotado superiormente en $\mathbb{R}$ si $k > 0$, y no está acotado inferiormente si $k < 0$. Estos resultados, y muchos otros que le resultan intuitivos al lector, son ciertos y los asumiremos sin necesidad de demostración ni apelar a la propiedad arquimediana de $\mathbb{R}$.

(b) *Parámetros, variables y constantes.*

Es frecuente en Ciencias encontrarnos con expresiones en las que aparecen varias letras. Así, para definir el conjunto anterior A_k hemos utilizado la expresión $k \cdot n + \pi$, en la que aparecen 3 letras. La letra k, prefijada de antemano, recibe el nombre de *parámetro*, mientras que n es la variable a la que se le asignan valores (números naturales) para obtener $k \cdot n + \pi$. Finalmente, la letra griega π, es una constante en la anterior expresión, porque al cambiar el parámetro k, π vale siempre lo mismo. En Ciencias, y en Física en particular, el parámetro suele denominarse *coeficiente*, con algún calificativo que alude a alguna propiedad física, y que varía en cada contexto (coeficiente de elasticidad, de resistencia, ...). Los términos aludidos pueden aparecer en otras partes de la ciencia con significados distintos.

El concepto de límite es estudiado hoy en día, de manera general, en una rama de la Matemática denominada Topología. El origen de este concepto se remonta a la Antigüedad, cuando Zenón de Elea (490 a.C. - 430 a.C.), tratando de manera crítica la concepción pitagórica de la Naturaleza, expone su célebre paradoja, conocida hoy en día como la paradoja de Aquiles y la tortuga.

5.1.4 La paradoja de Aquiles y la tortuga

Aquiles (héroe troyano) va a competir con una tortuga, para alcanzar una meta situada en un punto M. Aquiles partirá del punto O (origen), y dará unos metros de ventaja a la tortuga que se situará en B. Ambos, a la vez, partirán hacia la meta M situada en línea recta con ellos dos.

Cuando en un instante, digamos t_1, Aquiles llegue al punto B, la tortuga habrá avanzado al punto, digamos B_1. En el instante t_2 que Aquiles llegue a B_1, la tortuga se habrá desplazado a B_2. Cuando en el instante t_3 Aquiles llegue a la posición B_2, la tortuga se habrá desplazado a la posición B_3, y así sucesivamente (véase Figura 5.1).

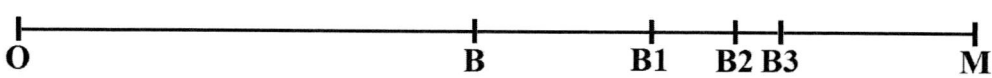

Figura 5.1: Paradoja de Zenón.

Con la anterior argumentación, Zenón concluye (erróneamente, véase Problema P5.8) que Aquiles no alcanzará nunca a la tortuga. La paradoja de Zenón causó tal impacto en los científicos de la Antigüedad, que durante siglos, no se admitieron razonamientos en los que se entreviera la posibilidad de realizar ordenadamente "infinitos" pasos, que es lo que conlleva la expresión "así sucesivamente" (véase [2]).

Esta paradoja será punto de partida para motivar y entender el concepto de "límite".

5.1.5 Acercarse indefinidamente (cada vez más)

Cuando consideramos la sucesión $\{a_n\}$ dada por $0.9, 0.99, 0.999, \ldots$ donde el término n-ésimo tiene n nueves; podemos afirmar que esta sucesión se va acercando, cada vez más a 3. El lector observará que también se puede afirmar que dicha sucesión también se acerca cada vez más a 2. Finalmente, alguien dirá que la sucesión se acerca cada vez más a 1. Ahora bien, no se puede afirmar que la sucesión se acerque cada vez más, digamos a 0.99995 porque a partir del sexto término $(0,999999)$, la sucesión se va alejando de 0.99995. De hecho, la sucesión $\{a_n\}$ inicial, se va a distanciar cada vez más de cualquier número real menor que 1. Nosotros pretendemos dar con una noción de límite de una sucesión, de manera que, cuando éste exista, sea único, pues es ésta una de las propiedades más importantes en el campo del Análisis Matemático real. En este sentido, parece ser que 1 es el mejor candidato para ser el límite de $\{a_n\}$. A las sucesiones que poseen límite, se las denomina convergentes.

El anterior párrafo pone de manifiesto que la expresión acercarse cada vez más a un número, no es adecuada para definir el concepto de límite de la sucesión, dado que la sucesión $\{a_n\}$ tendría por límite cualquier punto del intervalo $[1, \infty[$. En consecuencia, salvo que le demos otro sentido, la expresión "acercarse indefinidamente", tampoco es adecuada para definir el concepto de límite, por ser literalmente, en cierto sentido, equivalente a "acercarse cada vez más". Pero ¿qué diferencia al 1 de las restantes cotas superiores de la sucesión? Sencillamente que 1 es la cota superior más pequeña de todas las cotas superiores de la sucesión creciente $0.9, 0.99, 0.999, \ldots$ Se podría decir entonces con este criterio que 1 es el límite de la sucesión inicial. De esta manera, podríamos definir el concepto de límite para sucesiones estrictamente *crecientes* y acotadas superiormente, como el supremo de éstas. Claro está, este concepto, aun siendo interesante, es de carácter muy restrictivo. Pasemos a analizar otras sucesiones, con el propósito de encontrar un concepto de límite, que pueda ser aplicado a más casos.

5.1.6 *Acercarse tanto como se desee*

Imaginemos la sucesión $\{c_n\}$ dada por $0.9, 0.8, 0.999, 0.998, 0.99999, 0.99998, \ldots$ donde cada término impar c_n tiene n veces al 9 después de la coma decimal, y cada término par se deduce del anterior reemplazando la última cifra de la derecha por 8. La sucesión $\{c_n\}$ no es obviamente creciente, porque los términos pares son más pequeños que los impares. Sin embargo si observamos por separado la sucesión de términos impares $0.9, 0.999, 0.99999, \ldots$ y la de los términos impares $0.8, 0.998, 0.99998, \ldots$ es fácil deducir que ambas son crecientes y de nuevo 1 es el supremo de ambas sucesiones, por lo que ambas sucesiones, por el criterio de la sección anterior, tienen límite 1. Es pues deseable un concepto que pueda aplicarse a la sucesión inicial $\{c_n\}$, que no es creciente, y poder concluir que el límite de $\{c_n\}$ es 1. Observemos que en este caso no es cierto que la sucesión $\{c_n\}$ se acerca cada vez más a 1, y sin embargo, es cierto que podemos estar tan cerca de 1 como deseemos, a partir de cierto término de la sucesión.

Imaginemos ahora la sucesión $\{b_n\}$ dada por $1.1, 1.01, 1.001, 1.0001, \ldots$ Esta sucesión es *decreciente* y además de que se acerca cada vez más a 1, supremo de las cotas inferiores de la sucesión, también verifica que podemos estar tan cerca de 1 como deseemos a partir de cierto término de la sucesión. Por analogía, con la sucesión $0.9, 0.99, 0.999, \ldots$ sería deseable que 1 fuera también límite de $\{b_n\}$. Ello nos lleva a la consideración de que el concepto de límite que buscamos debe tener en cuenta las diferencias entre los términos de la sucesión y el supuesto límite, sin tener en cuenta los signos de éstas (lo que en definitiva nos llevará a introducir el valor absoluto en el cálculo de diferencias).

En las sucesiones que hemos estudiado diremos que su límite (concepto que definiremos posteriormente, será 1, en los casos vistos. Pero 1 no es ningún término de las sucesiones dadas. ¿Quiere decir esto que en la definición que veremos, el límite es el número al que nos "acercamos" intuitivamente, pero no puede formar parte de la sucesión? No; para tener propiedades algebraicas interesantes acerca de la suma y producto de sucesiones que tengan límites, buscamos un concepto de límite en el que se permitirá que una sucesión pueda contener infinitas veces el valor del límite, si se da el caso. Así, por ejemplo, la sucesión (denominada constante) $1, 1, 1, 1, \ldots$ donde todos sus términos son el 1, debería tener límite 1. De esta manera al definir de manera natural la suma de las sucesiones $\{a_n\} + \{b_n\}$ como la sucesión $\{a_n + b_n\}$, en nuestro caso, obtenemos la sucesión $2, 2, 2, 2, \ldots$ cuyo límite será 2, que coincidirá con la suma de los límites de ambas sucesiones.

5.1.7 Conveniencia de épsilon arbitrario

Una manera de verificar que el límite de la anterior sucesión $0.9, 0.99, 0.999, \ldots$ es 1, consiste en dar una cota ε de acercamiento, cada vez más pequeña, de la sucesión a 1, que podemos por ejemplo, tomar en principio como $\varepsilon = 0.001$. El lector observará que los términos a_n a partir del tercer término de la sucesión: $a_4, a_5, a_6, \ldots$ todos se encuentran a *distancia* menor de 0.001 del límite 1. Pero, ¿prueba esto que 1 es el límite de la sucesión? Obviamente, no. En efecto, la sucesión $\{d_n\}$ constante $0.9999, 0.9999, 0.9999, \ldots$ también cumple que la distancia de todos sus términos a 1 es menor que 0.001, pero su límite no es 1, pues por tratarse de una sucesión constante, su límite debe ser 0.9999.

El lector podrá argumentar que si tomamos un ε más pequeño, como $\varepsilon = 0.00001$, la sucesión $0.9, 0.99, 0.999, \ldots$ a partir del sexto término se encuentra a distancia menor que 0.00001 de 1, mientras que los términos de la sucesión constante d_n, están a mayor distancia. Repitiendo la argumentación, la sucesión constante cuyos términos son $0.999999, 0.999999, \ldots$ tiene sus términos a menos de 0.00001 de 1, pero obviamente, no converge a 1. Llegado a este punto el lector habrá observado que fijar un ε para determinar a qué distancia han de estar los términos de una sucesión del supuesto límite, no es suficiente. Así pues, ε debe ser arbitrariamente pequeño, sin posibilidad de prefijar. Estamos en condiciones de dar el concepto de límite de una sucesión.

5.1.8 Sucesión convergente (límite de una sucesión)

Se dice que la sucesión de números reales $\{a_n\}$ converge al número real a, o que tiene límite a, lo que escribiremos $\lim\limits_{n \to \infty} a_n = a$ si dado $\varepsilon > 0$ existe $n_0 \in \mathbb{N}$, tal que $|a_n - a| < \varepsilon$ para todo $n > n_0$. En la definición anterior es irrelevante escribir $<$ o $\leq$ en la diferencia en valor absoluto, así como utilizar $n \geq n_0$ en vez de $n > n_0$.

Las sucesiones no convergentes también se denominan divergentes.

Hagamos notar que en la definición, se ha escrito $|a_n - a| < \varepsilon$ para todo $n > n_0$, sin explicitar que $n \in \mathbb{N}$, que sería lo apropiado (correcto). Esta relajación de la escritura, cada vez más frecuente, se hace para no extenderse en la literatura, dado que en el contexto de una sucesión, los términos a_n corresponden a un recorrido de índices n que son necesariamente naturales, por definición.

5.1.9 Verificación del límite de una sucesión

Nos preguntamos ahora cómo proceder con el ε positivo arbitrario para probar la existencia del límite. Ello depende, en general, del problema que se proponga.

Si pretendemos demostrar que el límite de $0.9, 0.99, 0.999, \ldots$ es 1, cabe admitir que el ejemplo de $\varepsilon = 0.001$, o $\varepsilon = 0.00001$, nos muestra en este caso, un camino argumental para probar que 1 es el límite de $0.9, 0.99, 0.999, \ldots$ Veámoslo.

Sea pues $\varepsilon > 0$ (arbitrario). Según la propiedad arquimediana de $\mathbb{R}$, podemos afirmar que existe $n_0 \in \mathbb{N}$ (que depende de ε) de manera que ε se puede acotar inferiormente por $0.000\ldots 1 < \varepsilon$ (con n_o ceros). Así pues, el término a_n que ocupe el lugar $n_0 + 1$ y siguientes de la sucesión $0.9, 0.99, 0.999, \ldots$ estará a distancia de 1 menos que el ε arbitrario, es decir, $a_n - 1 < 0.000\ldots 1 < \varepsilon$ para cualquier $n > n_0$, lo que prueba que 1 es el límite de la sucesión.

Con un razonamiento similar se concluye que la sucesión $\{\frac{1}{n^p}\}$ converge a 0, cuando $p = 1, 2, 3, \ldots$

5.1.10 Comportamiento en el infinito de una sucesión

Si observamos la definición de límite de una sucesión se está estudiando su comportamiento en el infinito, o sea cuando n se va haciendo cada vez más grande, lo que se conoce como *cuando n tiende a infinito*. En este sentido, en cuanto a convergencia se refiere, los primeros términos de una sucesión, por muchos que sean, son irrelevantes, pues no influyen en el carácter convergente de la sucesión. Por ejemplo, es fácil observar que la sucesión $2, 2, 2, \ldots, 2, 0.9, 0.99, 0.999, \ldots$ converge a 1, independientemente del número de doses, en cantidad finita, que posea. De manera general podemos afirmar que si $\{a_n\}$ converge a a, entonces al suprimir (o añadir) un número finito de términos, la nueva sucesión sigue convergiendo a a.

De igual manera, cuando se afirma que la sucesión $\{\frac{1}{n}\}$ converge a cero, damos por sentado que no está definida para $n = 0$. También podemos afirmar que la sucesión $\{\frac{1}{n-2}\}$ converge a cero aunque esta sucesión no esté definida para $n = 2$.

La condición $|a_n - a| < \varepsilon$ equivale a que $a - \varepsilon < a_n < a + \varepsilon$ que a su vez equivale a escribir $a_n \in]a - \varepsilon, a + \varepsilon[$. En consecuencia, podemos dar la siguiente caracterización de la convergencia, sin necesidad de mayor formalización.

5.1.11 Proposición (caracterización de la convergencia)

La sucesión $\{a_n\}$ converge a a si y sólo, si dado $\varepsilon > 0$ existe $n_0 \in \mathbb{N}$ tal que $a_n \in]a - \varepsilon, a + \varepsilon[$, para todo $n \in \mathbb{N}$, con $n > n_0$.

5.1.12 Subsucesión

Dada la sucesión $\{a_n\}$ con índices $n \in \mathbb{N}$, llamamos **subsucesión** $\{a_{n_i}\}_{i=1}^{\infty}$ de la sucesión $\{a_n\}$ a una sucesión $a_{n_1}, a_{n_2}, \ldots, a_{n_i}, \ldots$ que se obtiene por selección de términos a_{n_i} de la sucesión, elegidos de manera estrictamente creciente en el índice n de manera ilimitada, i.e., $n_i < n_j$ si $i < j$, para $i, j \in \mathbb{N}$.

Si una sucesión $\{a_n\}$ converge al real a, entonces todas las subsucesiones de $\{a_n\}$ convergen a a (Véase ejercicio E5.4). Este hecho es interesante para poder decidir que algunas sucesiones no son convergentes, como veremos en (a) del Ejemplo 5.2.3.

5.2 PROPIEDADES DE LAS SUCESIONES CONVERGENTES

5.2.1 Propiedades de los límites

(a) Si una sucesión es convergente, lo hace a un único punto (i. e., no puede tener dos límites).

(b) Si una sucesión $\{a_n\}$ converge a a entonces cualquier subsucesión de $\{a_n\}$ converge a a.

(c) La sucesión constante $c, c, \ldots, c, \ldots$ converge a c.

(d) Si $\{a_n\}$ y $\{b_n\}$ son dos sucesiones convergentes a a y b, respectivamente, y se verifica que para todo $n \in \mathbb{N}$ se tiene $a_n \le b_n$ entonces $a \le b$.

(e) Si $\{a_n\}$ y $\{c_n\}$ son dos sucesiones convergentes ambas a c, y se tiene una sucesión $\{b_n\}$ que para todo $n \in \mathbb{N}$ verifica $a_n \le b_n \le c_n$, entonces $\{b_n\}$ converge a c.

Demostración.

(a) Supongamos que la sucesión $\{a_n\}$ converge a a y b y supongamos que $a < b$. Entonces, si tomamos $\varepsilon = \frac{b-a}{3}$, todos los términos de la sucesión a partir de cierto n_1 deberían estar en $]a - \varepsilon, a + \varepsilon[$ y todos los términos de la sucesión a partir de cierto n_2 deberían estar en $]b - \varepsilon, b + \varepsilon[$. Por tanto todos los términos de la sucesión a partir de $n_0 = \text{máx}\{n_1, n_2\}$ deberían estar en ambos intervalos, que son disjuntos. Contradicdción. Análogamente, tampoco puede ser $a < b$ y, por tanto, $a = b$ (véase Figura 5.2).

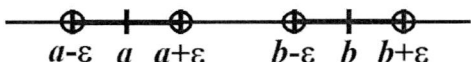

Figura 5.2: Intervalos disjuntos.

(b) La sencilla prueba se propone como ejercicio (véase Ejercicio E5.4).

(c) Es trivial.

(d) Supongamos que $b < a$. Sea $\varepsilon = \frac{a-b}{2}$. Entonces existe $n_0 \in \mathbb{N}$ tal que $b_n \in [b - \varepsilon, b + \varepsilon[$ para todo $n > n_0$, y por tanto $a_n \notin]a - \varepsilon, a + \varepsilon[$ para todo $n > n_0$. Contradicción.

(e) Es consecuencia inmediata de la definición de sucesión convergente.

$\square$

La prueba de la siguiente proposición (que además de intuitiva resulta muy útil en la práctica) se propone como ejercicio (véase Problema P5.5).

5.2.2 Proposición

Sea $r \in \mathbb{R}$ de manera que $|r| < 1$. Entonces $\lim\limits_{n\to\infty} r^n = 0$.

Es evidente que, en contextos distintos al de convergencia, todos los términos de una sucesión pueden ser relevantes, pero al hablar de propiedades de convergencia, una cantidad finita de términos, no modifica el carácter de convergencia de una sucesión. El lector debería tenerlo en cuenta cuando aplique las anteriores propiedades (c) - (e)

5.2.3 Ejemplo

(a) La sucesión $1, 2, 1, 2, 1, 2, \ldots, 1, 2, \ldots$ no posee límite. En efecto, las subsucesión $1, 1, 1, \ldots 1, \ldots$ converge a 1, mientras que la subsucesión $2, 2, 2, \ldots, 2, \ldots$ converge a 2.

(b) De la propiedad arquimediana de $\mathbb{R}$ se deduce que $\{\frac{1}{n}\}$ converge a cero, por tanto, aplicando la propiedad (e) de la Sección 5.2.1, la sucesión

$\{\frac{1}{2n}\}$ converge a 0, pues $0 < \frac{1}{2n} < \frac{1}{n}$, para todo $n \in \mathbb{N}$. Análogamente, la sucesión $\{\frac{1}{n^p}\}$ con $p > 1$, converge a 0.

5.2.4 Sobre ε arbitrario

La elección de un ε (arbitrario) es común y aparece muchas veces, porque es intrínseco al concepto de límite de una sucesión, base del Análisis Matemático. Ahora bien, su elección está condicionada a un objeto matemático, de manera que en una demostración matemática, argumentada en la elección de un ε, se pueden introducir otros "ε" arbitrarios, como $\frac{\varepsilon}{2}$, contextualizados a otros objetos dentro de la misma demostración (dado que si ε es arbitrario, también su mitad, su doble, etc. son arbitrarios; es sólo cuestión de notación apropiada para conseguir una elegante demostración). Véase la demostración de (a) de la Proposición 5.2.6.

5.2.5 Operaciones con sucesiones

Si $\{a_n\}$ y $\{b_n\}$ son sucesiones y k un número real, se define la suma de sucesiones $\{a_n\}$ y $\{b_n\}$ como la sucesión cuyo término general es $a_n + bn$, por tanto $\{a_n\} + \{b_n\} = \{a_n + b_n\}$. También se define la sucesión producto del real k por la sucesión a_n como la sucesión cuyo término general es $k \cdot a_n$, por lo que $k \cdot \{a_n\} = \{k \cdot a_n\}$.

El lector puede probar que el conjunto de las sucesiones de números reales, con la suma definida, es un grupo abeliano, donde el elemento neutro es la sucesión nula $0, 0, \ldots, 0, \ldots$ y la sucesión opuesta de $\{a_n\}$ es $\{-a_n\}$. También puede verificar que con la ley producto (externa) arriba definida, tiene estructura de espacio vectorial real.

La sucesión $\frac{1}{\{b_n\}}$ es $\{\frac{1}{b_n}\}$, que tiene sentido siempre que b_n no sea cero.

5.2.6 Proposición (álgebra de los límites)

Supongamos que $\{a_n\}$ y $\{b_n\}$ son sucesiones convergentes a a y b, respectivamente y k un número real. Entonces:

(a) $\{a_n + b_n\}$ converge a $a + b$.

(b) $\{a_n \cdot b_n\}$ converge a $a \cdot b$.

(c) $\{\frac{a_n}{b_n}\}$ converge a $\frac{a}{b}$, siempre que b no sea cero.

(d) $\{k \cdot a_n\}$ converge a $k \cdot a$.

Demostración.

Veamos la prueba de (a). Las restantes se dejan como ejercicio para el lector (Problema P5.1).

Sean $\{a_n\}$ y $\{b_n\}$ dos sucesiones que convergen a a y b, respectivamente. Sea $\varepsilon > 0$. Para $\frac{\varepsilon}{2}$, como $\{a_n\}$ converge a a, podemos encontrar $n_1 \in \mathbb{N}$ de manera que $|a_n - a| < \frac{\varepsilon}{2}$ para todo $n \geq n_1$. Análogamente, existe $n_2 \in \mathbb{N}$ de manera que $|b_n - b| < \frac{\varepsilon}{2}$ para todo $n > n_2$. Elegimos $n_0 = \text{máx}\{n_1, n_2\}$. Se tiene que $|a_n + b_n - (a + b)| \leq |a_n - a| + |b_n - b| < \frac{\varepsilon}{2} + \frac{\varepsilon}{2} = \varepsilon$, para todo $n > n_0$. $\qquad\square$

5.2.7 Nota

En la demostración anterior se ha hecho uso de la conocida desigualdad triangular $|A + B| \leq |A| + |B|$, donde $|A|$ denota el valor absoluto del número real A.

Se aconseja al lector que se familiarice con las anteriores propiedades cuando desee hallar el límite de una sucesión convergente por medio de la anterior proposición. A modo de ejemplo, obsérvese que la propiedad (d) se escribe $\lim_{n \to \infty} (k \cdot a_n) = k \cdot \lim_{n \to \infty} (a_n) = k \cdot a$, lo que se interpreta diciendo que la constante que multiplica al término general de una sucesión puede "salir" de la palabra límite.

5.2.8 Consecuencia

La suma de una sucesión convergente $\{a_n\}$ y otra divergente $\{b_n\}$ es divergente.

Demostración.

Si $\{c_n\}$, donde $c_n = a_n + b_n$ fuera convergente, entonces por (a) y (d) de la Proposición 5.2.6 se tiene que $\{b_n\} = \{c_n\} - \{a_n\}$ es convergente. Contradicción. $\qquad\square$

El lector en esta sección entenderá por sucesión acotada, como "conjunto" acotado de números reales (al considerar los términos no repetidos). En la Sección 5.4.1 damos la definición de sucesión acotada.

5.2.9 Definición

La **sucesión** $\{a_n\}$ se dice **creciente** si $a_n \leq a_{n+1}$ para todo $n \in \mathbb{N}$ y se dice **decreciente** si $a_n \geq a_{n+1}$ para todo $n \in \mathbb{N}$. Cuando las desigualdades son estrictas la sucesión se llama **estrictamente creciente** o **decreciente**, según proceda.

5.2.10 Teorema

Toda sucesión creciente y acotada superiormente, tiene límite (y éste es el supremo de la sucesión)

Demostración.

Sea $\{a_n\}$ una sucesión creciente y acotada superiormente. Por el axioma del supremo en $\mathbb{R}$ podemos afirmar que existe $k \in \mathbb{R}$ que es el supremo de $\{a_n : n \in \mathbb{N}\}$.

Dado $\varepsilon > 0$, debe existir n_0 tal que $a_{n_0} \in]k - \varepsilon, k]$, y en consecuencia $a_n \in]k - \varepsilon, k + \varepsilon[$, para $n \geq n_0$ por ser $\{a_n\}$ creciente. Así pues $\lim_{n \to n} a_n = k.\square$

Con los oportunos cambios se puede demostrar el siguiente teorema.

5.2.11 Teorema

Toda sucesión decreciente y acotada inferiormente converge a su ínfimo.

5.2.12 Progresión geométrica

La sucesión $\{a_n\}$ se dice que es (o constituye) una **progresión geométrica** (PG), de razón r, si cada término de la sucesión se obtiene del anterior multiplicando por r. Así pues, $a_2 = a_1 \cdot r, a_3 = a_2 \cdot r, \ldots$ y por recurrencia $a_n = a_{n-1} \cdot r$. Es un sencillo ejercicio demostrar la expresión explícita $a_n = a_1 \cdot r^{n-1}$ (se sugiere a lector que haga una prueba por inducción. Véase Sección 2.5.18).

5.2.13 Proposición

La suma de los n primeros términos $a_1, a_2, \ldots, a_n$, de una PG con $r \neq 1$ viene dada por

$$S = \frac{a_n \cdot r - a_1}{r - 1} \tag{5.1}$$

Demostración.

Sea $\{a_n\}$ una PG de razón $r \neq 1$. Denotamos $S = a_1 + a_2 + \cdots + a_n$. Se tiene que $S \cdot r = a_2 + a_3 + \cdots + a_{n+1}$ y, por tanto, $S - S \cdot r = a_1 - a_{n+1}$, i.e., $S \cdot (1 - r) = a_1 - a_{n+1} = a_1 - a_1 \cdot r^n$, y por tanto

$$S = \frac{a_1 - a_1 \cdot r^n}{1 - r} = \frac{a_1 \cdot r^n - a_1}{r - 1} = \frac{a_n \cdot r - a_1}{r - 1} \qquad \square$$

La siguiente proposición es de mucha utilidad en el Análisis Matemático.

5.2.14 Proposición

La suma S_∞ de los infinitos términos de una PG $\{a_n\}$ de razón r con $|r| < 1$ vale $S_\infty = \frac{a_1}{1-r}$.

Demostración.

Por aplicación sucesiva de las Proposiciones 5.2.13 y 5.2.2 se tiene que
$S_\infty = \lim\limits_{n\to\infty} \frac{a_1 \cdot r^n - a_1}{r-1} = \frac{-a_1}{r-1} = \frac{a_1}{1-r}$. $\qquad\square$

5.2.15 Ejemplo (Aplicación al cálculo de la fracción generatriz)

Vamos a hallar la fracción generatriz del número real $a = 2.3151515\ldots 15\ldots$

El número a es la suma $2.3 + 0.015 + 0.00015 + 0.0000015 + \ldots$. Ahora bien $0.015, 0.00015, 0.0000015, \ldots$ son los términos de una P.G. cuyo primer término es 0.015 y la razón es 0.01, menor que la unidad, por lo que le es de aplicación la proposición anterior y se tiene que $0.0151515\cdots = \frac{0.015}{1-0.01} = \frac{100\cdot 0.015}{99} = \frac{15}{990}$. Por tanto, $a = 2.3 + \frac{15}{990} = \frac{23}{10} + \frac{15}{990} = \frac{2292}{990}$.

5.2.16 Teorema

La sucesión $\{a_n\}$, donde $a_n = \left(1 + \frac{1}{n}\right)^n$, converge y su límite se denomina número e.

Demostración.

Veamos que $\{a_n\}$ es creciente. Desarrollando por el binomio de Newton la expresión $\left(1 + \frac{1}{n}\right)^n$ se tiene:

$$\binom{n}{0}(1)^0\left(\frac{1}{n}\right)^n + \binom{n}{1}(1)^1\left(\frac{1}{n}\right)^{n-1} + \cdots + \binom{n}{n-1}(1)^{n-1}\left(\frac{1}{n}\right)^1 + \binom{n}{n}(1)^n\left(\frac{1}{n}\right)^0$$

Desarrollando la expresión y simplificando, se llega a

$$1 + \frac{1}{1!} + \frac{1}{2!}\left(1 - \frac{1}{n}\right) + \frac{1}{3!}\left(1 - \frac{1}{n}\right)\left(1 - \frac{2}{n}\right) + \cdots + \frac{1}{n!}\left(1 - \frac{1}{n}\right)\cdots\left(1 - \frac{n-1}{n}\right)$$

Al crecer n aumenta el número de términos, y cada uno de los anteriores crece, por disminuir los sustraendos; luego la sucesión es creciente.

Veamos que $\{a_n\}$ está acotada. En efecto, si sólo consideramos los minuendos, resulta que

$$\left(1 + \frac{1}{n}\right)^n < 1 + \frac{1}{1!} + \frac{1}{2!} + \cdots + \frac{1}{n!} < 2 + \frac{1}{2} + \frac{1}{2^2} + \cdots + \frac{1}{2^{n-1}} \qquad (5.2)$$

Dado que $\frac{1}{2}, \frac{1}{2^2}, \ldots, \frac{1}{2^{n-1}}$ constituyen los $n-1$ primeros términos de una una progresión geométrica de razón $\frac{1}{2}$, su suma vale $1 - \frac{1}{2^n}$, y por tanto la expresión (5.2) está acotada por 3, y en virtud del Teorema 5.2.10 tiene un límite menor que 3.   □

Este límite es el más importante de la Matemática Superior y se designa por la letra e; sus primeras cifras decimales son $e = 2,7182818284\ldots$

5.3   MATEMÁTICA FINANCIERA

5.3.1   Interés simple

Si disponemos de un depósito en el banco de $1000 \, €$ y la entidad bancaria nos ofrece un interés del 2% anual, al cabo del año el capital habrá generado $20 \, €$ de intereses, por lo que nuestro capital final al cabo del año será de $1020 \, €$. La operación realizada es como un préstamo que le hacemos el banco con un tipo de interés (tasa de interés) anual, del 2%, lo que se conoce de manera genérica, como el "tanto por ciento". En nuestro caso significa que cada $100 \, €$ producen $2 \, €$ de intereses, al finalizar el año.

El cálculo de los intereses se obtiene mediante una proporción directa (o regla de tres simple) que conduce a la operación $\frac{1000 \cdot 2}{100}$ o equivalentemente $1000 \cdot \frac{2}{100}$. Si el depósito se renueva cada año, sin cambiar las condiciones, entonces al cabo de tres años, por ejemplo, los intereses obtenidos al finalizar los 3 años serían $1000 \cdot \frac{2}{100} \cdot 3 = 60 \, €$. En este caso se dice que nuestro capital de $1000 \, €$ ha estado a interés simple durante 3 años al tipo de interés del 2% anual. Si atendemos al cociente $\frac{2}{100}$, éste es el interés que produce $1 \, €$ al año, lo que en Economía Financiera se conoce como el tanto por uno, y que en nuestro caso es 0.02. (En efecto, por simple regla de tres, si $100 \, €$ nos rentan $2 \, €$, entonces $1 \, €$ nos renta $0.02 \, €$ al cabo del año.). A pesar de que el tanto por uno es de uso habitual en Economía Financiera, no existe un símbolo para denotarlo como acontece con los casos del tanto por ciento (%) o tanto por mil (‰).

Como el lector habrá deducido, el interés $I(t)$ que produce un capital c al cabo de un número t de años al tipo de interés simple del $r'\%$ anual, viene dado por la expresión

$$I(t) = c \cdot \left(\frac{r'}{100} \cdot t \right) \tag{5.3}$$

y el capital total $C(t)$ al final de t años será $C(t) = c + I(t)$, es decir $C(t) = c + c \cdot \left(\frac{r'}{100} \cdot t \right)$, y por tanto

$$C(t) = c \left(1 + \frac{r'}{100} \cdot t \right) \tag{5.4}$$

Si utilizamos el tanto por uno r, en lugar del $r'\%$ $\left(r = \frac{r'}{100} \right)$ las expresiones anteriores se simplifican dando lugar a

$$I(t) = c \cdot r \cdot t \tag{5.5}$$

y

$$C(t) = c(1 + r \cdot t) \tag{5.6}$$

5.3.2 Interés simple fraccionado por periodos: Generalización

En algunos casos el banco ofrece remunerar nuestro capital de $1000\,€$ que dejamos en depósito a interés simple, pongamos al 3% anual, pagaderos semestralmente. Con ello el banco da a entender que al cabo del año habremos recibido $30\,€$ de intereses que corresponde al cálculo $1000 \cdot \frac{3}{100}$, pero que se nos abonará la mitad de ellos, $15\,€$ al finalizar el primer semestre y la otra mitad al finalizar el año. En este caso, la mejora de condiciones consiste en que podemos disponer de la mitad de los intereses al finalizar el primer semestre.

La anterior expresión (5.5) está dada para t medido en años y r tanto por uno anual, pero obviamente sigue siendo válida si reemplazamos años por periodos (de tiempo) y el tanto por uno anual, por el tanto por uno correspondiente al periodo.

Visto desde esta perspectiva más general, en el supuesto anterior el banco ofrece pagar un 1.5% semestral (i.e., 0.015 tanto por uno semestral), durante dos semestres y por tanto el interés que percibiremos al final del año será $I(2) = 1000 \cdot 0.015 \cdot 2 = 30\,€$. En este supuesto, el interés que producirían los $1000\,€$ al cabo de 3 años (seis semestres), en las mismas condiciones, sería $I(6) = 1000 \cdot 0.015 \cdot 6 = 90\,€$, como era de esperar, por aplicación de la nueva interpretación de (5.5).

La casuística para aplicar (5.5) y (5.6) por un número t de periodos, al tanto por uno r en cada periodo, es muy variada, y el lector puede ejercitarse en el cálculo de intereses en tales casos en el Ejercicio E5.7.

5.3.3 Interés compuesto

Pongámonos de nuevo en la situación inicial de la Sección 5.3.1 en la que se disponía de $1000\,€$ invertidos a interés simple al tipo del 2% anual. Al acabar el primer año teníamos un capital total $C(1) = 1000 \cdot (1 + 0.02)$. Supongamos que al acabar el primer año, el banco extiende un nuevo depósito para un año más, pero en este caso nos ofrece prorrogar el 2% al capital total $C(1)$ que habíamos constituido al finalizar el primer año ($1020 €$), es decir reinvertimos el interés producido el primer año. Entonces, el interés producido al finalizar el segundo año será $C(1) \cdot 0.02 = 1020 \cdot 0.02 = 20.4$. En este caso se dice que el capital inicial de $1000 €$ ha estado durante dos años a interés compuesto al tipo de 2% anual, o (0.02 al tanto por 1, anual). El capital total al finalizar el segundo año es $C(2) = C(1) + C(1) \cdot 0.02 = C(1) \cdot (1 + 0.02) = 1000 \cdot (1 + 0.02) \cdot (1 + 0.02) = 1000 \cdot (1 + 0.02)^2$.

Si en lugar de estar el capital inicial dos años al mismo interés compuesto hubiera estado tres años, es decir los intereses al acabar el segundo año se reinvierten al mismo tipo, entonces el capital total al acabar el tercer año sería $C(3) = C(2) + C(2) \cdot 0.02 = C(2)(1 + 0.02) = 1000(1 + 0.02)^2 \cdot (1 + 0.02) = 1000(1 + 0.02)^3$.

Se propone (Problema P5.6) demostrar por inducción, que si se dispone de un capital inicial c que se deja en depósito a tipo de interés compuesto de r tanto por uno anual, durante t años, el capital final al cabo de los t años viene dado por la expresión

$$C(t) = c(1 + r)^t \tag{5.7}$$

Como acontecía con las expresiones (5.5) y (5.6), también (5.7) es aplicable al cálculo de un capital final $C(t)$ cuando se conoce el tipo r tanto por uno, por periodo, y t representa el número de estos periodos.

5.3.4   Ejemplo

Se dispone de un capital de $1000 €$ con el que se constituye un depósito en el banco a interés compuesto del 2% anual, pero los interese son reinvertidos semestralmente. En este caso el tipo de interés semestral es del 1%, por lo que el tanto por uno semestral es $r = 0.01$. Si deseamos saber el capital final al cabo de tres años (seis semestres), habremos de hacer el cálculo, por reinterpretación de (5.7) antes avanzada, $C(6) = 1000 \cdot (1 + 0.01)^6$.

El lector observará que el resultado es ligeramente superior al $C(3)$ obtenido en la sección anterior, cuando el interés se reinvertía al final de cada año.

5.3.5   Interés continuo

Hemos avanzado en el ejemplo anterior que si los intereses que se generan a un tipo de interés compuesto determinado para cierto tiempo, se reinvierten cada semestre en lugar de reinvertirse anualmente, se obtiene al final del tiempo que se establece, un mayor capital. Obviamente, si se reinvirtieran trimestralmente, se obtendría al final del tiempo, un capital mayor. Por tanto, es de esperar que cada vez que el año lo dividimos en partes más pequeñas (pero iguales), para reinvertir el interés obtenido, al mismo tipo de interés compuesto, el capital final va creciendo.

Imaginemos pues que tenemos un capital inicial c, que invertimos a interés compuesto, con el tipo r tanto por 1 anual, y que dividimos el año en s periodos iguales, en los que se reinvierten cada vez los intereses. Ello significa que el tanto por uno en cada periodo será $\frac{r}{s}$, y que el número de períodos en un año será s. En consecuencia, para n años, se tendrán $s \cdot n$ periodos. Podemos calcular el capital final $C(n)$ al cabo de n años, ($s \cdot n$ periodos) que según la interpretación generalizada de la expresión (5.7) será:

$$C(n) = c \left(1 + \frac{r}{s}\right)^{s \cdot n} \tag{5.8}$$

Si imaginamos ahora que el año se fracciona en s "infinitas" partes iguales (periodos), y en cada una de ellas se reinvierten los intereses que se van sumando al capital al final de cada periodo, podemos imaginar que estamos hablando de generar intereses al instante. A este tipo de interés se le denomina **interés continuo**, y el capital final al cabo de n años, atendiendo a la expresión (5.8) es

$$C(n) = \lim_{n \to \infty} c \left(1 + \frac{r}{s}\right)^{s \cdot n} = c \cdot \lim_{n \to \infty} \left(\left(1 + \frac{1}{s/r}\right)^{\frac{s}{r}}\right)^{r \cdot n} = c \cdot e^{r \cdot n}$$

Nota. Para la obtención del último límite se ha tenido en cuenta dos detalles:

Primero que $\frac{s}{r}$ tiende a $+\infty$, y aunque $\frac{s}{r}$ no sean números naturales es fácil concluir que $\lim_{n \to \infty} \left(1 + \frac{1}{s/r}\right)^{\frac{s}{r}} = e$.

Segundo que $\lim_{n \to \infty} (a_n)^k = (\lim_{n \to \infty} a_n)^k$, pero la prueba de esta propiedad, basada en el concepto de continuidad, no ha sido tratada en este texto.

El número e aparece al modelizar muchos fenómenos de la naturaleza, y en particular al estudiar crecimientos continuos (de hecho, en el caso del interés continuo, podemos pensar en un capital que crece de manera continua). Por esa razón, los logaritmos neperianos (de base e), también se denominan logaritmos naturales. Hermite demostró que el número e es un número trascendente.

5.3.6   Cuotas de amortización (método francés)

En esta sección abordamos el supuesto de que pidamos al banco un préstamo P que debemos devolver en n años. La manera en que pactamos devolver el dinero el banco será el que habitualmente se utiliza hoy en día en las hipotecas, conocido como el *método francés*. El método francés consiste en devolver periódicamente una cantidad constante a lo largo de la vida del préstamo hasta su amortización. En la mayoría de los casos esta periodicidad es mensual, tras la concesión del préstamo, y así lo supondremos nosotros. Se supone que el banco nos presta la cantidad P a interés compuesto, y el tipo pactado es r'% anual, a lo largo de los n años. Deseamos conocer la cuota constante c que debemos de pagar cada mes hasta amortizar el préstamo.

Obviamente, el número de cuotas a pagar será $s = 12 \cdot n$ y como el tipo de interés en tanto por uno anual es $\frac{r'}{100}$, entonces el tipo en tanto por uno mensual será $r = \frac{r'}{12 \cdot 100}$ (según criterio de la Matemática Financiera).

Según la fórmula (5.7), aplicada a periodos mensuales, el capital P que nos presta el banco, al tipo r tanto por uno mensual, al finalizar el préstamo, dado que habrán pasado s meses, se convierte, digamos en una deuda de $D = P \cdot (1 + r)^s$. Precisamente esta deuda D será la cantidad que al finalizar el préstamo debemos devolver al banco, teniendo en cuenta las devoluciones (cuotas) mensuales, que han de tener el mismo tratamiento (pero ahora a favor del cliente), i.e., son capitales que están invertidos al r tanto por uno mensual, durante los meses que les queda hasta amortizar el préstamo. Vamos a calcular el importe de las devoluciones:

La primera cuota que pagamos, transcurrido un mes desde la concesión del préstamo, tendrá una duración de $s - 1$ meses, la segunda de $s - 2$ meses, ..., la penúltima de un mes y con la última cuota se ha vencido el plazo (no produce interés alguno) y el préstamo queda amortizado. En consecuencia, aplicando la fórmula (5.7), las s cantidades (cuotas) devueltas cada mes, se convierten al final del préstamo, de manera ordenada, en:

$$c \cdot (1+r)^{s-1}, c \cdot (1+r)^{s-2}, c \cdot (1+r)^{s-3}, \ldots, c \cdot (1+r), c$$

De derecha a izquierda se observa que las cuotas pagadas constituyen una progresión geométrica (PG) de razón $1 + r$, donde el primer término es c y el último es $c \cdot (1+r)^{s-1}$, por lo que aplicando la fórmula (5.1) de la suma de s términos de una PG, la suma S de estas cantidades es

$$S = \frac{c \cdot (1+r)^{s-1} \cdot (1+r) - c}{(1+r-1)}$$

es decir

$$S = \frac{c \cdot ((1+r)^s - 1)}{r} \tag{5.9}$$

Como la deuda D contraída ha de ser igual a lo que hemos pagado, al finalizar el préstamo, entonces de $D = S$, se deduce

$$c = \frac{P \cdot (1+r)^s \cdot r}{(1+r)^s - 1}$$

Advirtamos al lector que no todos los préstamos que concede el banco se hacen bajo las condiciones anteriores. Por otra parte, incluso utilizando el método francés, en la actualidad los préstamos hipotecarios suelen estar vinculados al EURIBOR que puede variar mensualmente. De esta manera, las hipotecas que pactan con el banco una revisión anual de sus condiciones, pueden ver aumentada o disminuida su cuota durante los doce meses que siguen a la revisión anual.

5.3.7 Ejemplo

Solicitamos un préstamo al banco de $10000 \, €$, a interés compuesto con un tipo fijo de 6% anual, a lo largo de la vida del préstamo, que devolveremos en 5 años, pagadero con cuotas constantes mensuales (método francés). En este caso el tanto por uno mensual es $r = \frac{6}{1200} = 0.005$, el número de cuotas es $s = 5 \cdot 12 = 60$ y por tanto la cuota mensual a pagar es

$$c = \frac{10000 \cdot (1 + 0.005)^{60} \cdot 0.005}{(1 + 0.005)^{60} - 1} \approx 193,33 \, €$$

5.3.8 Cuotas de capitalización

Un ahorrador pacta con el banco hacer s aportaciones (cuotas) de capital c, de manera periódica, a interés compuesto de r tanto por uno, por periodo, para constituir un capital C. Las s cuotas se convierten, al final del tiempo, cuando se rescata el capital, en

$$c \cdot (1+r)^s, c \cdot (1+r)^{s-1}, c \cdot (1+r)^{s-2}, \ldots, c \cdot (1+r)$$

(Obsérvese que, en este caso, la última cuota devenga un periodo de intereses puesto que no tendría sentido aportarla en el momento del rescate).

Procediendo como en la Sección 5.3.6, el capital C constituido es

$$C = \frac{c \cdot (1+r) \cdot ((1+r)^s - 1)}{r} \tag{5.10}$$

Desde otra perspectiva, y en las condiciones anteriores, de (5.10) se deduce que para constituir un capital C al finalizar el tiempo pactado, el capital c que se debe aportar periódicamente es:

$$c = \frac{C \cdot r}{(1+r) \cdot ((1+r)^s - 1)} \tag{5.11}$$

5.4   SUCESIONES NO ACOTADAS

La siguiente definición es acorde con el concepto de conjunto de reales acotado.

5.4.1   Sucesión acotada

Se dice que una sucesión $\{a_n\}$ está (o es) **acotada**, si existe $k > 0$ de manera que $|a_n| < k$ para todo $n \in \mathbb{N}$, o equivalentemente, $a_n \in]-k, k[$ para todo $n \in \mathbb{N}$.

5.4.2   Supresión de términos

La sucesión $k, k, k, k, \ldots, k, \ldots$ se puede escribir como la sucesión constante $\{k\}$. Acorde con la Sección 5.1.10, también, y sólo desde el punto de vista de la convergencia, cualquier sucesión que a partir de cierto término sea constante, y valga por ejemplo k, se puede decir que es una sucesión constante $\{k\}$. De esta forma la sucesión $1, 1, 1, 2, 2, 2, 2, \ldots, 2, \ldots$ es la sucesión constante $\{2\}$.

Los términos $(-1)^n$ y $(-1)^{n+1}$ aparecen con frecuencia en matemáticas, para conseguir alternancias de signos en expresiones matemáticas. Si designamos $\{a_n\}$ y $\{b_n\}$ las sucesiones donde $a_n = (-1)^n$ y $b_n = (-1)^{n+1}$, ambas sucesiones resultan no convergentes, pero su suma $\{a_n\} + \{b_n\}$ es la sucesión constante (convergente) nula. En este caso, ante la ausencia de convergencia, la supresión de un término, pongamos a_1, distorsiona la suma $\{a_n + b_n\}$ que sería $2, -2, 2, -2, \ldots$ (véase Ejercicios E5.2 y E5.5).

5.4.3   Proposición (convergencia implica acotación)

Toda sucesión convergente está acotada.

Demostración.

Supongamos que la sucesión $\{a_n\}$ converge a a. Entonces, dado $\varepsilon > 0$ existe $m \in \mathbb{N}$ tal que $a_n \in]a - \varepsilon, a + \varepsilon[$ para todo $n > m$, y por tanto, $K = \text{máx}\{a_1, a_2, \ldots, a_m, a + \varepsilon\}$ es una cota superior de $\{a_n\}$. $\square$

5.4.4   Proposición (suma de sucesiones acotadas)

La suma de dos sucesiones acotadas está acotada.

Demostración.

La demostración es trivial. $\square$

La siguiente consecuencia es inmediata.

5.4.5 Consecuencia

La suma de una sucesión convergente y otra acotada es acotada.

5.4.6 Ejemplos de sucesiones no acotadas

Las siguientes sucesiones son no acotadas

(a) $1, 2, 3, \ldots$ (no acotada superiormente).

(b) $-1, -2, -3, \ldots$ (no acotada inferiormente).

(c) $0, 1, 0, 2, 0, 3, 0, 4, 0, 5, \ldots, 0, n, \ldots$ (no acotada superiormente).

(d) $1, -1, 2, -2, 3, -3, \ldots, n, -n, \ldots$ (no acotada superior ni inferiormente).

Las sucesiones no acotadas, según la Proposición 5.4.3 son no convergentes, y por tanto no tiene límite (real). No obstante, según sea su comportamiento, se puede hablar de sucesiones que tienen límite infinito, como pasamos a ver.

5.4.7 Definición (límites $\pm\infty$)

Se dice que la sucesión $\{a_n\}$ tiene límite $+\infty$ (o que tiende a $+\infty$), si dado un número real k, existe m de manera que $a_n > k$ para todo $n > m$. En tal caso, también se dice que $\{a_n\}$ diverge a $+\infty$, y se escribe $\lim_{n\to\infty} a_n = +\infty$.

El lector dará la definición dual para límite $-\infty$.

De esta manera la sucesión del ejemplo (a) de la sección anterior, diverge a $+\infty$, y la sucesión de (b) diverge a $-\infty$.

Se puede añadir una definición más débil (que límite $+\infty$ o $-\infty$) que en algunos contextos del Análisis Matemático resulta útil y es el concepto de límite ∞.

5.4.8 Límite ∞

Se dice que la sucesión $\{a_n\}$ tiene límits ∞ o que diverge a ∞ si dado un número real k, existe m de manera que $|a_n| > k$ para todo $n > m$, y se escribe $\lim_{n\to\infty} a_n = \infty$.

Entonces, podemos decir que las sucesiones de (a), (b) y (d) de la Sección 5.4.6 divergen a ∞, pero la sucesión de (c) no diverge a ∞.

5.4.9 Sobre límites infinitos

Algunos autores escriben que el límite de una sucesión es infinito cuando quieren decir que es $+\infty$ en nuestro sentido. Se suele llamar sucesión oscilante a aquélla que no es convergente ni diverge a infinito.

El concepto de sucesión divergente a infinito (sin más precisión), permite simplificar algunos enunciados como los de la siguiente proposición, cuya prueba omitimos. Para conocer el signo del límite buscado, se pueden utilizar los conceptos anteriores de límite, pero ya avanzamos al lector que las conclusiones siguen las consabidas reglas de signos del producto.

5.4.10 Proposición

(a) Si $\lim\limits_{n\to\infty} a_n = a$ distinto de cero y $\lim\limits_{n\to\infty} b_n = 0$, entonces $\lim\limits_{n\to\infty} \frac{a_n}{b_n} = \infty$.

(b) Si $\{a_n\}$ está acotada y si $\lim\limits_{n\to\infty} b_n = \infty$ se tiene que $\lim\limits_{n\to\infty} (a_n + b_n) = \infty$ y $\lim\limits_{n\to\infty} \frac{a_n}{b_n} = 0$.

(c) Si a_n y b_n tienen límite infinito, entonces $\lim\limits_{n\to\infty} (a_n \cdot b_n) = \infty$ y además $\lim\limits_{n\to\infty} (a_n + b_n) = \infty$ si los límites de ambas sucesiones son de igual signo.

(d) Si $\lim\limits_{n\to\infty} a_n = \infty$ y $\lim\limits_{n\to\infty} b_n = 0$, entonces $\lim\limits_{n\to\infty} \frac{a_n}{b_n} = \infty$.

5.4.11 Álgebra con límites infinitos

Para facilitar el cálculo de límites cuando interviene el concepto de infinito, resulta práctico aplicar las siguientes reglas que son las conclusiones de la anterior proposición. Para ello simbolicemos por O que el límite (para cierta sucesión) es cero, y por ∞ $(+\infty)$ que un límite es ∞ $(+\infty)$. Entonces se tiene:

$\frac{a}{O} = \infty$, si a es un real distinto de cero.

$\frac{a}{\infty} = O$, para cualquier número real a.

$a + (+\infty) = +\infty$, para cualquier número real a.

$+\infty + (+\infty) = +\infty$.

$-\infty + (-\infty) = -\infty$.

$\infty \cdot \infty = \infty$.

5.4.12 Límites indeterminados

Con la notación de la sección anterior, se pueden dar otras expresiones algebraicas con límites infinitos como las que siguen:

$$+\infty - (+\infty) \quad O \cdot \infty \quad \frac{\infty}{\infty} \quad \frac{O}{O}$$

Las expresiones anteriores se llaman **indeterminaciones**, porque el álgebra de cálculo de límites, no puede aplicarse y generalmente requieren de transformaciones algebraicas, para concluir cuál es su límite, en caso de existir. Los siguientes ejemplos prueban nuestras afirmaciones.

5.4.13 Ejemplo

(a) $\lim_{n\to\infty} (n^2 - n) = \lim_{n\to\infty} n(n-1) = +\infty$

(b) $\lim_{n\to\infty} (2n - n^2) = \lim_{n\to\infty} n(2-n) = -\infty$

(c) $\lim_{n\to\infty} (\frac{1}{n} \cdot (-n^2 + 1)) = \lim_{n\to\infty} (-n + \frac{1}{n}) = -\infty$

(d) $\lim_{n\to\infty} (\frac{1}{n^2})(n+1) = \lim_{n\to\infty} (\frac{1}{n} + \frac{1}{n^2}) = 0$

(e) $\lim_{n\to\infty} \frac{2n+1}{n-1} = \lim_{n\to\infty} (2 + \frac{3}{n-1}) = 2$

Los anteriores resultados no son casualidad; en realidad son consecuencia de las siguientes proposiciones.

5.4.14 Proposición

$$\lim_{n\to\infty} (a_s n^s + a_{s-1} n^{s-1} + \cdots + a_1 n + a_0) = \lim_{n\to\infty} a_s n^s = a_s \cdot \lim_{n\to\infty} n^s$$

Demostración.

Se tiene que $\lim_{n\to\infty} (a_s n^s + a_{s-1} n^{s-1} + \cdots + a_1 n + a_0) =$

$= \lim_{n\to\infty} n^s (a_s + \frac{a_{s-1}}{n} + \cdots + \frac{a_1}{n^{s-1}} + \frac{a_0}{n^s}) = a_s \lim_{n\to\infty} n^s$ $\square$

5.4.15 Proposición

$$\lim_{n\to\infty} \frac{a_s n^s + a_{s-1} n^{s-1} + \cdots + a_1 n + a_0}{b_r n^r + b_{r-1} n^{r-1} + \cdots + b_1 n + b_0} = \begin{cases} +\infty & \text{si } n > r \\ 0 & \text{si } n < r \\ \frac{a_s}{b_s} & \text{si } r = s \end{cases}.$$

La demostración se propone como ejercicio (Problema P5.7)

5.4.16 Cuadro resumen de convergencia de sucesiones (clasificación)

$$\begin{cases} \text{Acotadas} & \begin{cases} \text{Convergentes} \\ \text{No convergentes (oscilantes)} \end{cases} \\[2em] \text{No acotadas} & \begin{cases} \text{Divergentes a } +\infty \\ \text{Divergentes a } -\infty \\ \text{Divergentes a } \infty \text{ pero no a } \pm\infty \\ \text{No divergentes a } \infty \text{ (oscilantes)} \end{cases} \end{cases}$$

5.5 EJERCICIOS PROPUESTOS

E5.1 Utilícese la definición de sucesión convergente para demostrar:

(a) La sucesión $\{\frac{k}{n-1}\}$ converge a 0, para cualquier número real k.

(b) La sucesión $\{\frac{1}{k\cdot n}\}$ converge a 0, para k distinto de cero.

(c) La sucesión $\{1 + \frac{1}{2n}\}$ converge a 1.

E5.2 Arguméntese que la sucesión $\{(-1)^n\}$ no es convergente. (Sugerencia: Utilícese (b) de la Sección 5.2.1)

E5.3 Hállese la fracción generatriz de $a = 1,3333\ldots$ y de $b = 0,4999\ldots$

$$\text{Sol: } a = \tfrac{4}{3}; \; b = \tfrac{1}{2}$$

E5.4 Si una sucesión $\{a_n\}$ converge al real a, entonces todas las subsucesiones de $\{a_n\}$ convergen a a.

E5.5 (a) Apórtense dos ejemplos de sucesiones no convergentes $\{a_n\}$ y $\{b_n\}$ cuya suma sea convergente.

(b) Razónese que en las anteriores condiciones, $\{a_n\} - \{b_n\}$ no puede se convergente.

E5.6 (Determinación de *medios proporcionales*) Considérense los números reales $A = 2$ y $B = \frac{2}{81}$. Hállense tres términos a_2, a_3 y a_4 de manera que $a_1 = A, a_2, a_3, a_4, a_5 = B$ constituyan los cinco términos consecutivos de una progresión geométrica.

$$\text{Sol: } a_2 = \tfrac{2}{3}, \; a_3 = \tfrac{2}{9}, \; a_4 = \tfrac{2}{27}$$

E5.7 Pactamos con el banco un interés simple del 6% por cada dos años, pagaderos semestralmente, durante 5 años, para un capital de 10000 €, de manera que podemos rescatar el dinero cuando queramos, perdiendo los intereses del último semestre no completado. Si rescatamos el capital a los 20 meses, ¿cuánto será el capital total que nos dará el banco en el momento del rescate?

Sol: 10456,78 €

E5.8 (Cuotas de capitalización). Deseo constituir un capital de 10000 € para dentro de 5 años, ingresando al banco periódicamente una cantidad constante, a interés compuesto, pactado con el banco, al tipo del 4% anual.

  (a) ¿Qué cantidad debería ingresar al año para conseguir mi objetivo?

  (b) ¿Qué cantidad debería ingresar mensualmente para conseguir mi objetivo?

Sol: (a) 1775,26 €; (b) 150,33 €

E5.9 Sea $\{a_n\}$ una sucesión que diverge a $+\infty$. Demuéstrese:

  (a) Para cualquier número real k, $\lim\limits_{n\to\infty}(a_n + k) = +\infty$.

  (b) Si $k > 0$ entonces $\lim\limits_{n\to\infty} k \cdot a_n = +\infty$.

  (c) $\lim\limits_{n\to\infty} \frac{k}{a_n} = 0$, para cualquier número real k.

E5.10 Escríbanse dos sucesiones no acotadas cuya suma sea convergente a 1.

E5.11 Clasifica las siguientes sucesiones:

  (a) $0.4, 0.49, 0.499, 0.4999, \ldots$

  (b) $1, 0, \frac{1}{2}, 0, \frac{1}{3}, 0, \frac{1}{4}, 0, \frac{1}{5}, 0, \ldots$

  (c) $1, 2, \frac{1}{2}, 2, \frac{1}{3}, 2, \frac{1}{4}, 2, \frac{1}{5}, 2, \ldots$

  (d) $1, -2, 3, -4, 5, -6, \ldots, (2n-1), -2n, \ldots$

  (e) $1, 1, 2, 1, 2, 3, 1, 2, 3, 4, 1, 2, 3, 4, 5, \ldots, 1, 2, 3, \ldots, n, \ldots$

  (f) $\{a_n\}$ donde $a_{2n} = 2^{2n}$ y $a_{2n+1} = 2n + 1$

E5.12 Hállense los siguientes límites (pueden ser infinito), cuando existan:

  (a) $\lim\limits_{n\to\infty} \frac{1}{n-3}$

  (b) $\lim\limits_{n\to\infty} \left(2 + \frac{1}{n-3}\right)$

  (c) $\lim\limits_{n\to\infty} \left(\frac{1}{5}\right)^n$

  (d) $\lim\limits_{n\to\infty} (2^n - 3)$

(e) $\lim_{n\to\infty} \left((-1)^n + 2\right)$

(f) $\lim_{n\to\infty} \frac{3}{(-2)^n}$

(g) $\lim_{n\to\infty} \frac{(-1)^n + 2}{n}$

(h) $\lim_{n\to\infty} (-2n)^2$

(i) $\lim_{n\to\infty} \left((-2n)^2 + (-1)^n\right)$

(j) $\lim_{n\to\infty} \left((-1)^{2n+1} \cdot n\right)$

(k) $\lim_{n\to\infty} \left(-2n^3 + n^2 + 3\right)$

(l) $\lim_{n\to\infty} \left(3n^3 - n\right)$

(m) $\lim_{n\to\infty} \frac{-2n^3 + n^2 + 3}{3n^3 - n}$

(n) $\lim_{n\to\infty} \frac{n^2 + 3}{3n^3 - n}$

(p) $\lim_{n\to\infty} \frac{n^3 + 3}{3n^2 - n}$

Sol: (a) 0; (b) 2; (c) 0; (d) $+\infty$; (e) No existe; (f) 0; (g) 0; (h) $+\infty$; (i) $+\infty$; (j) ∞; (k) $-\infty$; (l) $+\infty$; (m) $-\frac{2}{3}$; (n) 0; (p) $+\infty$

5.6   PROBLEMAS PROPUESTOS

P5.1 Supongamos que $\{a_n\}$ y $\{b_n\}$ son sucesiones convergentes a a y b, respectivamente y k un número real. Demuéstrese:

(1) $\{a_n \cdot b_n\}$ converge a $a \cdot b$.

(2) $\{\frac{a_n}{b_n}\}$ converge a $\frac{a}{b}$, siempre que b no sea cero.

(3) $\{k \cdot a_n\}$ converge a $k \cdot a$.

P5.2 Sean $\{a_n\}$ y $\{b_n\}$ dos sucesiones. Demuéstrese (y precísese el signo de ∞ cuando sea posible):

(a) Si $\lim_{n\to\infty} a_n = a$ distinto de cero y $\lim_{n\to\infty} b_n = 0$, entonces $\lim_{n\to\infty} \frac{a_n}{b_n} = \infty$.

(b) Si $\{a_n\}$ está acotada y si $\lim_{n\to\infty} b_n = \infty$ se tiene que $\lim_{n\to\infty} (a_n + b_n) = \infty$ y $\lim_{n\to\infty} \frac{a_n}{b_n} = 0$.

(c) Si a_n y b_n tienen límite ∞, entonces $\lim_{n\to\infty} (a_n \cdot b_n) = \infty$ y además $\lim_{n\to\infty} (a_n + b_n) = \infty$, si los límites de ambas sucesiones son de igual signo.

(d) Si $\lim_{n\to\infty} a_n = \infty$ y $\lim_{n\to\infty} b_n = 0$, entonces $\lim_{n\to\infty} \frac{a_n}{b_n} = \infty$.

P5.3 Demuéstrese que para k y r positivos, $\lim_{n\to\infty} \left(1 + \frac{1}{k\cdot n}\right)^{r\cdot n} = e^{\frac{r}{k}}$ (léase la nota de la Sección 5.3.5.

P5.4 Sea la sucesión $\{s_n\}$ donde $s_n = 1 + \frac{1}{2} + \frac{1}{3} + \cdots + \frac{1}{n}$, conocida como la *serie armónica*. Demuéstrese que $\{s_n\}$ diverge a $+\infty$.

P5.5 Sea r un número real distinto de cero. Demuéstrese:

(a) Si $r > 1$ entonces $\lim_{n \to \infty} r^n = +\infty$

(b) Si $r < -1$ entonces $\lim_{n \to \infty} r^n = \infty$

(c) Si $r \in]-1, 1[$, i.e., $|r| < 1$, entonces $\lim_{n \to \infty} r^n = 0$

P5.6 Demuéstrese por inducción sobre t, que si se dispone de un capital inicial c que se deja en depósito a tipo de interés compuesto de tanto por uno anual r, durante t años, el capital final al cabo de los t años viene dado por la expresión

$$C(t) = c \cdot (1+r)^t$$

Generalícese la anterior expresión para que tenga aplicación al caso en que el que se hable de t periodos, en vez de años.

P5.7 Demuéstrese que

$$\lim_{n \to \infty} \frac{a_s n^s + a_{s-1} n^{s-1} + \cdots + a^1 n + a_0}{b_r n^r + b_{r-1} n^{r-1} + \cdots + b_1 n + b_0}$$

vale $+\infty$ si $s > r$, vale 0 si $s < r$ y vale $\frac{a_s}{b_s}$ si $r = s$.

P5.8 **(Solución a la paradoja de Aquiles y la tortuga)**

(a) Arguméntese el error en la paradoja de Aquiles y la tortuga.

(b) Supongamos que la distancia a recorrer por Aquiles y la tortuga es de $13\,\mathrm{km}$, que la velocidad de Aquiles es de $12\,\mathrm{km/h}$ y la velocidad de la tortuga es de $0.1\,\mathrm{km/h}$. Además Aquiles da $11.9\,\mathrm{km}$ de ventaja a la tortuga. Calcúlese el instante t en que Aquiles alcanza a la tortuga y la distancia x desde el punto O de partida de Aquiles (los datos permiten el cálculo mental de la solución, pero al lector se le solicita una argumentación analítica, incluyendo el "paso al límite" siguiendo el razonamiento de Zenón, para obtenerla. Por ejemplo, si $t_0 = 0$ es el momento de salida para ambos, entonces t_1 es el tiempo que tarda Aquiles en llegar hasta donde está de inicio la tortuga y por tanto ha recorrido un espacio $x_1 = 11.9$. La tortuga mientras tanto ha recorrido una distancia x_2 y por tanto para llegar de x_1 a la nueva situación de la tortuga, Aquiles necesitará un tiempo t_2, y así sucesivamente. Las sucesiones así constituidas $\{t_n\}$ y $\{x_n\}$ resultan ser progresiones geométricas y el espacio recorrido $x = x_1 + x_2 + \cdots$ se sabe calcular. Lo mismo sucede con el tiempo $t = t_1 + t_2 + \cdots$).

(c) Con los datos anteriores, dese la solución utilizando las ecuaciones del movimiento rectilíneo con velocidad constante de un móvil, de Física.

Índice

Bibliografía

[1] Alexandrov, A.D., et al.; La matemática: su contenido, métodos y significado (I-III), Alianza Editorial, Madrid 1973.

[2] Babini, J.; Historia sucinta de la matemática, Espasa-Calpe S.A. Colección Austral Núm. 1142, Madrid 1969.

[3] Bartle, R.; Introducción al Análisis Matemático, Limusa, México 1980.

[4] Bartle, R.; Sherbert D. R.; Introducción al Análisis Matemático de una variable, Limusa, México 1984.

[5] Bourbaki, N.; Elementos de historia de las matemáticas, Alianza Universidad, Madrid 1972.

[6] Campedelli, L.; Fantasía y lógica en la matemática, Editorial Labor, Barcelona 1970.

[7] Carrol, L.; El juego de la lógica, Alianza Editorial, Madrid 1972.

[8] Euclides, The thirteen books of the elements (volumes I-III), Dover Publications Inc., New York 1956.

[9] Ferrando, J.C., Gregori, V.; Matemática discreta, Ed. Reverté, 1994.

[10] Frege, G.; Fundamentos de la Aritmética, Editorial Laia, S.A., Barcelona 1972.

[11] Gallego, J.; Nuevos problemas de matemáticas, Editorial Norte y Sur, Madrid 1965.

[12] Gardner, M.; Miscelánea matemática, Biblioteca Científica Salvat, Barcelona 1986.

[13] Godement, R.; Álgebra, Ed. Tecnos, Madrid 1967.

[14] Kamke, E.; Theory of sets, Dover Publications, Inc.New York 1950.

[15] Lentin, A., Rivaud, J.; álgebra moderna, Editorial Aguilar, Madrid 1971

[16] Northrop, E.P.; Riddles in Mathematics, Pelican Books, 1960.

[17] Perelman, Y.; Matemáticas recreativas, Editorial Mir, 1982.

[18] Poincaré, H.; Ciencia y método (Colección Austral), ESPASA-CALPE (tercera edición), 1963.

[19] Rademacher, H., Toeplitz, O.; Números y figuras, Alianza Editorial, Madrid 1970.

[20] Rey, J.; Elementos de análisis algebraico, Madrid 1966.

[21] Rudin, W.; Principios de análisis matemático, Ediciones del Castillo, Madrid 1974.

[22] Suppes, P., Hill, S.; Introducción a la lógica matemática, Ed. Reverté, S. A. 1968.

[23] Quine, W.V.; Filosofía de la lógica, Alianza Universidad, Madrid 1973.

[24] Valdivia, M.; Apuntes de cálculo infinitesimal, Artes Gráficas Benzal, Madrid 1985.